Funktionale Sicherheit von Maschinen

Carsten Gregorius

Funktionale Sicherheit von Maschinen

Praktische Anwendung der DIN EN ISO 13849

2., aktualisierte Auflage 2024

Herausgeber:
DIN Deutsches Institut für Normung e. V.

DIN Media GmbH

Herausgeber: DIN Deutsches Institut für Normung e. V.

Am DIN-Platz
Burggrafenstraße 6
10787 Berlin
Telefon: +49 30 588 857 00-70
Internet: www.dinmedia.de
E-Mail: kundenservice@dinmedia.de

Die im Werk enthaltenen Inhalte wurden von den Verfassenden und dem Verlag sorgfältig erarbeitet und geprüft. Eine Gewährleistung für die Richtigkeit des Inhalts wird gleichwohl nicht übernommen. Mit Ausnahme von Schäden, die aus Verletzung von Leib, Leben oder Gesundheit resultieren, haftet der Verlag nur für Schäden, die auf Vorsatz oder grobe Fahrlässigkeit des Verlages zurückzuführen sind. Für Verletzung von Leib, Leben oder Gesundheit haftet der Verlag nach gesetzlichen Vorschriften. Im Übrigen ist die Haftung ausgeschlossen.

Maßgebend für das Anwenden jeder in diesem Werk erläuterten oder zitierten Norm ist deren Fassung mit dem neuesten Ausgabedatum. Den aktuellen Stand zu jeder DIN-Norm können Sie im Webshop von DIN Media unter www.dinmedia.de abfragen. Dort finden Sie insbesondere etwaige Berichtigungen und Warnvermerke, welche bei der Anwendung der jeweiligen Norm unbedingt zu beachten sind.

Titelbild: © naruecha, Nutzung unter Lizenz von adobestock.com
Satz: DIN Media GmbH, Berlin
Druck: Prime Rate, Budapest

Gedruckt auf säurefreiem, alterungsbeständigem Papier nach DIN EN ISO 9706
ISBN 978-3-410-31986-3
ISBN (E-Book) 978-3-410-31979-5

Autorenporträt

Dipl.-Ing. Carsten Gregorius, geboren 1969, war nach dem Studium der Elektrotechnik zunächst als Sachverständiger für Maschinensicherheit beim TÜV Nord tätig und dort mit der Prüfung und Zertifizierung von Maschinen und Sicherheitsbauteilen sowie der Beratung zur Maschinenrichtlinie und ATEX betraut. Anschließend war er in verschiedenen Positionen bei namhaften Unternehmen als Spezialist für funktionale Sicherheit" tätig. Seit 2011 verantwortet er als Manager bei PHOENIX CONTACT die strategische Ausrichtung der Produkte auf funktionale Sicherheit. Im Lauf seiner über 25-jährigen Erfahrung hat er in diversen Normungsgremien (u.a. Gemeinschaftsarbeitsausschuss NASG/NAM/DKE: Steuerungen, nationales Spiegelgremium von ISO/TC 199 WG 8) sowie Arbeitskreisen bei ZVEI und VDMA mitgewirkt. Er ist Autor von vielen Fachartikeln zu den Themen Maschinenrichtlinie, Risikobeurteilung und funktionale Sicherheit und hat als Referent Seminare zur Maschinensicherheit geleitet.

Inhaltsverzeichnis

1 Funktionale Sicherheit – Was ist das?

Der Begriff „Sicherheit“ leitet sich aus dem Lateinischen ab: „securitas“ bedeutet sinngemäß so viel wie „sich keine Sorgen machen“. Im engeren Sinne bedeutet „Sicherheit“ also die Freiheit von unvertretbaren Risiken. Im deutschen Sprachgebrauch wird im Gegensatz zum Englischen zwischen „Safety“ und „Security“ nicht unterschieden. Während „Safety“ die Sicherheit im Hinblick auf Risiken, die von Produkten ausgehen, meint, beschreibt der Begriff „Security“ die Sicherheit eines Produktes vor Gefahren seiner Umgebung.

Wann ein Produkt als „sicher“ oder besser als „hinreichend sicher“ eingestuft werden darf, hängt von vielen Parametern ab, da eine 100-prozentige Sicherheit niemals realisierbar wäre. Vor allem das bewusst akzeptierte Restrisiko kann unterschiedlichen Bewertungsmaßstäben folgen.

Als Abgrenzung zu anderen Teilgebieten der Sicherheitstechnik beschreibt die „funktionale Sicherheit“ den Teil der Sicherheit eines Systems, der von der korrekten Funktion des sicherheitsbezogenen Steuerungssystems abhängt. Oder anders ausgedrückt: Welche Risiken entstehen für einen Anwender, wenn technische Schutzeinrichtungen, wie z.B. Schutztürabsicherungen oder Not-Halt-Einrichtungen aufgrund von Steuerungsfehlern „versagen“ bzw. nicht in der Lage sind, ihre Funktion korrekt auszuführen? Der Begriff der „Steuerungen“ ist weitläufig zu verstehen. Er umfasst elektrische, elektronische, hydraulische, pneumatische und andere Technologien.

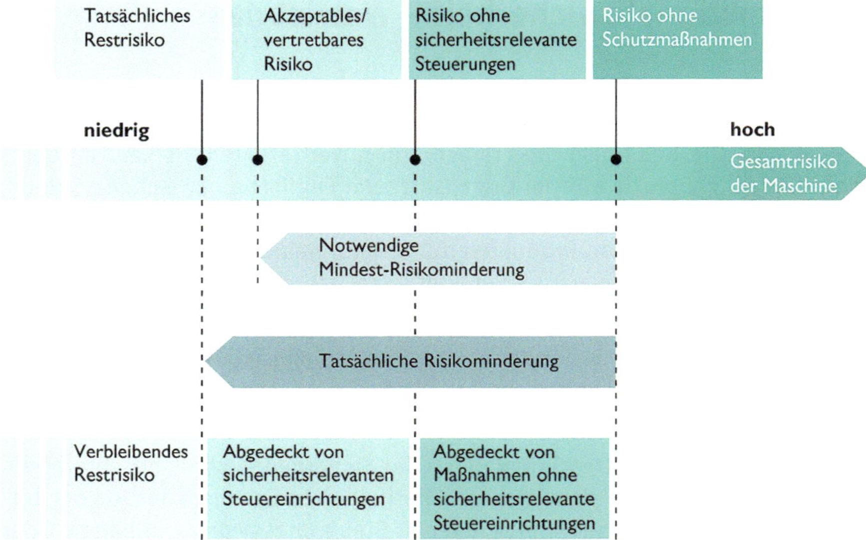

Bild 1: Akzeptables Restrisiko

Hinsichtlich des Inverkehrbringens von industriellen Gütern wie z. B. Maschinen und Anlagen werden die Beschaffenheitsanforderungen durch europäische Richtlinien erfasst. Hierzu zählt insbesondere die Maschinenrichtlinie bzw. deren Nachfolger, die Maschinenverordnung (MVO). Neben spezifischen Artikeln in der Maschinenrichtlinie, die insbesondere das Inverkehrbringen regeln, enthält der Anhang I der Richtlinie (Anhang III der MVO) die Mindestanforderungen für die „grundlegenden Sicherheits- und Gesundheitsschutzanforderungen“, die jede Maschine erfüllen muss. Diese Anforderungen sind daher obligatorisch. Konkretisiert werden diese Anforderungen durch die Anwendung von Normen.

Es sei an dieser Stelle angemerkt, dass auch Normen nur ein Mindestsicherheitsniveau beschreiben. Im Fall eines Unfalls mit Personenschaden kann trotz Einhaltung aller relevanten Normen ein Produkthaftungsrisiko für den Hersteller entstehen.

Um die erforderliche „Sicherheit“ – oder besser die erforderliche „Risikominderung“ – festzustellen, wird angefangen beim Konstruktionsprozess bis hin zum eigentlichen Inverkehrbringen von Maschinen und Anlagen eine Risikobeurteilung durchgeführt.

2 Normungssituation zum Thema funktionale Sicherheit

Die Berücksichtigung der funktionalen Sicherheit ist mittlerweile in viele technische Bereiche eingezogen. So findet man neben der Maschinensicherheit auch Anforderungen aus der Prozessindustrie, Medizintechnik, Avionik, Automotive, Kraftwerkstechnik etc. Eine zentrale Funktion erfüllt dabei die internationale Norm IEC 61508, die aus insgesamt sieben Teilen besteht. Sie ist ein „generic standard", d. h., sie ist als Basis für internationale Normungskomitees zu sehen, die sektorspezifische Anwendungsnormen entwickeln. So haben grundlegende Bestimmungen und Vorgehensweisen auch Einzug in die unter der Maschinenrichtlinie harmonisierten Normen EN ISO 13849 und EN IEC 62061 gehalten. Es ist zu erwarten, dass beide Normen auch unter der neuen MVO harmonisiert werden.

Je nach Risikohöhe wird die zu erreichende Risikominderung in verschiedene Stufen unterteilt. Die beiden Zielgrößen – Performance Level (PL) und Safety Integrity Level (SIL) – stehen dabei über die „mittlere Häufigkeit eines gefahrbringenden Ausfalls je Stunde" (PFH[1]) im Zusammenhang. Es ist möglich, Teilsysteme (siehe Kapitel 5.5), die unter der EN IEC 62061 entwickelt und validiert wurden, in Sicherheitsfunktionen gemäß der Norm EN ISO 13849-1 zu integrieren.

Tabelle 1: Zusammenhang zwischen PL, PFH und SIL

PL [EN ISO 13849]	PFH	SIL [EN IEC 62061]
a	$\geq 10^{-5}$ bis $< 10^{-4}$	–
b	$\geq 3 \cdot 10^{-6}$ bis $< 10^{-5}$	1
c	$\geq 10^{-6}$ bis $< 3 \cdot 10^{-6}$	1
d	$\geq 10^{-7}$ bis $< 10^{-6}$	2
e	$\geq 10^{-8}$ bis $< 10^{-7}$	3

1 Dieser Parameter wird in Kapitel 5.6.7 näher erläutert.

2.1 Europa

Innerhalb Europas stellt die Norm EN ISO 13849 für den Maschinenbau die zentrale Norm für die funktionale Sicherheit dar. Als Nachfolger der EN 954-1 ist sie unter der Maschinenrichtlinie harmonisiert. Sie besteht aus zwei Teilen. Der Teil 1 der EN ISO 13849 wurde mit der Ausgabe 2023-05 grundlegend überarbeitet. Etwa zeitgleich ist 2005 die Norm EN 62061 als Sektornorm unter der IEC 61508 entstanden, die den gleichen Anwendungsbereich umfasst. Diese Norm wurde 2021 als EN IEC 62061 aktualisiert. Praktische Erfahrungen zeigen, dass ein Großteil der Maschinenbauer heute die EN ISO 13849 anwendet, obwohl auch die EN IEC 62061 unter der Maschinenrichtlinie Konformitätsvermutung besitzt. Eine Rolle dürfte dabei die Tatsache spielen, dass wesentliche Begriffe – wie z. B. die Kategorien – aus der EN 954-1 übernommen worden sind und damit auf Bewährtes zugegriffen werden konnte. Auch die Toolunterstützung (z. B. durch Sistema) ist sicherlich ausschlaggebend für die mittlerweile hohe Akzeptanz beim Anwender.

2.2 USA

Wesentliche Arbeitsschutzgesetze für Sicherheitsanforderungen an Maschinen und Anlagen sind in den Standards der Occupational Safety & Health Administration (OSHA) beschrieben. Diese Gesetze richten sich primär an den Betreiber bzw. Verwender von Gütern wie z. B. Maschinen. Die Einhaltung dieser OSHA-Standards ist verpflichtend. Für Maschinen und Schutzeinrichtungen ist insbesondere das Regelwerk OSHA 1910-O „Machinery and Machine Guarding" maßgebend.

Zur Erfüllung des OSHA-Regelwerks werden insbesondere Produktnormen des American National Standard Institute (ANSI) herangezogen, deren Anwendung freiwillig ist. Diese sogenannten Recognized Test Standards werden von privaten Organisationen entwickelt und konkretisieren die Anforderungen, die sich aus dem OSHA 1910-O ableiten lassen.

Für die funktionale Sicherheit an Maschinen ist die ANSI B11.19 „reliability of control systems" zu berücksichtigen, die auf die ISO 13849 referenziert. An dieser Stelle sei jedoch auf das jeweilige Ausgabedatum der ISO 13849 hingewiesen. Es gibt keinen Automatismus, dass jeweils die aktuellste ISO-Norm in ANSI-Normen referenziert wird. Sicherheitsanforderungen an die elektrische Ausrüstung werden im National Electrical Code (NEC), der von der National Fire Protection Association (NFPA) als NFPA 70 veröffentlicht wird, beschrieben. Hieraus wird für die elektrische Ausrüstung von Maschinen die NFPA 79 referenziert, die inhaltlich ähnliche Anforderungen wie die EN 60204-1 festlegt. Jedoch sind Unterschiede im Detail – wie z.B. Farbgebung von Leitern – zu beachten.

Aus OSHA-Standards lässt sich ebenfalls ableiten, dass Komponenten, die an Maschinen eingesetzt werden, die relevanten UL-Standards (UL 508) erfüllen müssen. Der Nachweis wird durch ein national gelistetes Labor (NRTL) erbracht, das Produkte prüft bzw. listet.

2.3 China

Die ISO 13849 ist als nationale Norm GB/T 16855 publiziert. Der Zusatz /T weist jedoch auf eine freiwillige Anwendung hin. Insofern ist sie rechtlich „gleichgestellt" mit dem europäischen Prinzip in der freiwilligen Anwendung von Normen. Mit der Veröffentlichung dieser – und vieler weiterer EN-ISO-Normen – rückt der Aspekt der Produktsicherheit für den chinesischen Binnenmarkt in den Blickpunkt der Anwender. Hat ein Konstrukteur sein Steuerungskonzept bereits gemäß der EN ISO 13849 ausgelegt, so dürfte er aus technischer Sicht also keine Probleme im chinesischen Markt haben.

2.4 Japan

Japan hat beide internationalen Normen für die funktionale Sicherheit an Maschinen in seine nationale Normenlandschaft übernommen. Somit werden praktisch keine zusätzlichen technischen Anforderungen an europäische Maschinenbauer gestellt, die nach Japan exportieren.

Während die ISO 13849-1 als JIS B 9705-1 veröffentlicht ist, wurde die IEC 62061 als JIS B 9961 ratifiziert. JIS steht dabei für „Japan Industrial Standard". Auch für Japan gilt wie für China: Die Auslegung gemäß EN ISO 13849 ist auch die Eintrittskarte für den japanischen Markt.

3 Risikobeurteilung und Risikoreduzierung

Praktisch von jeder Maschine gehen Gefährdungen aus, die ein Risiko für den Menschen oder auch seine Umwelt haben. Solche Gefährdungen können primär mechanische Gefährdungen sein, wie z. B. Quetschen von Körperteilen zwischen sich bewegenden Maschinenelementen oder auch Stoßgefährdungen. Weiterhin gehören zu dieser Gefahrengruppe Schnittgefährdungen oder Gefährdungen durch herausgeschleuderte Gegenstände.

Weitere Gefährdungen können sein

- elektrische Gefährdungen
- thermische Gefährdungen
- Gefährdungen durch Lärm
- Gefährdungen durch Substanzen

u. v. m.

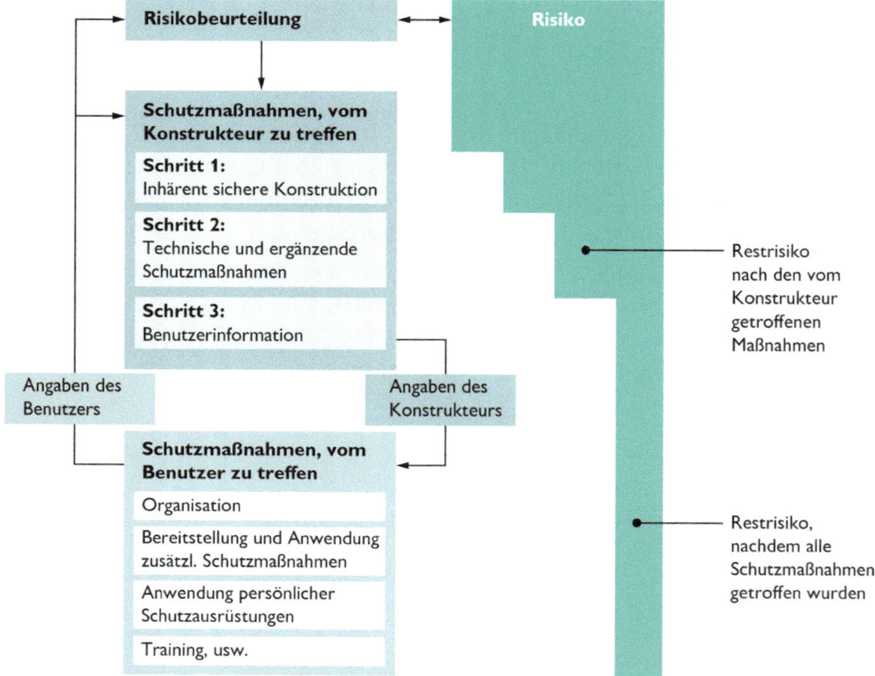

Bild 2: Risikominderung gemäß DIN EN ISO 12100

Um nun festzustellen, ob von der Maschine keine unzulässig hohen Risiken ausgehen, muss der Hersteller eine Risikobeurteilung vornehmen. Mit dem in der DIN EN ISO 12100 beschriebenen Prozess kann festgestellt werden, ob das von der Maschine ausgehende Risiko ausreichend reduziert wurde. In der Regel ist dies ein iterativer Prozess, der konstruktionsbegleitend durchgeführt wird.

Zunächst müssen die **Grenzen der Maschine** unter Berücksichtigung der bestimmungsgemäßen Verwendung definiert werden.

a) Räumliche Grenzen

- Bewegungs-/Verfahrbereiche, inkl. Sicherheitsabstände
- Platzbedarf für Installation und Instandhaltung
- Materialbereitstellung/-abfuhr
- Arbeitsplätze/-flächen

b) Zeitliche Grenzen

- Grenzen der Lebensdauer der Maschine oder von Bauteilen
- Empfohlene Prüffristen, Wartungs-, Instandsetzungsintervalle

c) Verwendungsgrenzen

- Einsatzbereich (Industrie, Gewerbe, privat, öffentlicher Bereich)
- Vorgesehene (bestimmungsgemäße) Verwendung
- Vorhersehbare Fehlanwendung
- Betriebsarten (Normalbetrieb, Montage/Installation, Einstellen, Fehlerbeseitigung, Reinigung, Wartung, Instandhaltung etc.)
- umgebungsfaktorenbezogene Grenzen, z. B. Einschränkung der Anwendung in bestimmten Temperaturbereichen
- Qualifikation und Erfahrungen der Benutzer (Bediener, Instandhaltungspersonal)
- besonders schutzbedürftige Personengruppen (z. B. Auszubildende)

Nachdem die Grenzen der Maschine definiert sind, werden die auf die Maschine zutreffenden Gefährdungen identifiziert. Hierzu kann die Übersicht aus der Norm DIN EN ISO 12100 herangezogen werden. Da es in Europa aber für viele Maschinengattungen bereits sogenannte C-Normen gibt, in denen auf die spezifischen Gefährdungen detaillierter eingegangen wird, ist es wichtig, diese in die Gefährdungsliste zu integrieren.

Bei der Identifizierung der Gefährdungen bzw. Gefährdungssituationen gilt zu beachten, dass alle relevanten Lebensphasen (z. B. Normalbetrieb, Wartungsbetrieb, Rüstbetrieb, Reinigung etc.) der Maschine berücksichtigt werden.

Für jede dieser Gefährdungen muss anschließend das Risiko geschätzt und bewertet werden. Hierzu stehen verschiedene Möglichkeiten und Werkzeuge zur Verfügung, die sich je nach Anwendung und Branche besser oder schlechter eignen. Allen Verfahren ist gemeinsam, dass das Ergebnis auf Basis verschiedener Parameter zustande kommt. Diese Parameter sind

- das Schadensausmaß sowie
- die Eintrittswahrscheinlichkeit des Schadens als Funktion von
  a) Gefährdungsexposition von Personen,
  b) Möglichkeit der Vermeidung oder Begrenzung eines Schadens,
  c) Eintritt eines Gefährdungsereignisses.

Diese Parameter werden je nach verwendeter Methode unterschiedlich gewichtet und können für verschiedene Szenarien in einer Risikomatrix dargestellt werden.

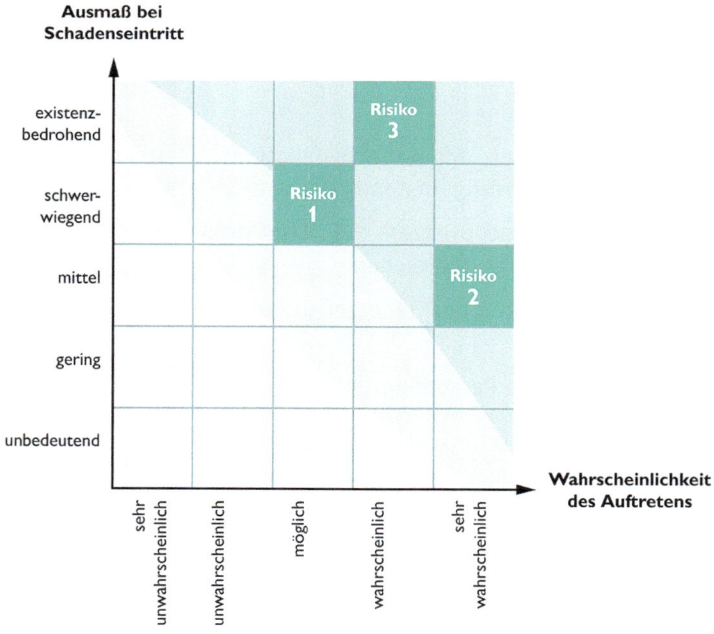

Bild 3: Beispiel Risikomatrix

Das Team, das für die Risikobeurteilung zuständig ist, muss nun bewerten, ob das Risiko hinreichend gering ist oder ob risikoreduzierende Maßnahmen vorzunehmen sind. Anschließend erfolgt der Bewertungsprozess. Wie zuvor beschrieben, läuft er so lange, bis das akzeptable Restrisiko erreicht ist.

Zur Risikoreduzierung wird gemäß der DIN EN ISO 12100 die sogenannte Drei-Stufen-Methode beschrieben.

Die Stufen müssen aufgrund ihrer kaskadierten Wirksamkeit in der folgenden Reihenfolge angewandt werden:

1) Schritt „Inhärentes Design"

2) Schritt „Technische und ergänzende Schutzmaßnahmen"

3) Schritt „Benutzerinformation"

Erst wenn eine weitere Risikoreduzierung in einer Stufe nicht mehr sinnvoll erscheint, darf zur nächsten Stufe gewechselt werden. Nur so können sie einzeln oder in Kombination einen geeigneten Beitrag zur Risikoreduzierung leisten.

3.1 Risikoreduzierung durch „Inhärentes Design"

Die Maßnahme „Inhärentes Design" ist die erste Stufe im Prozess der Risikoreduzierung. Durch die Anwendung dieser Maßnahme werden entweder Gefährdungen komplett eliminiert oder die mit den Gefährdungen verbundenen Risiken vermindert, indem ohne Anwendung von trennenden oder nicht trennenden Schutzeinrichtungen die Konstruktions- oder Betriebseigenschaften der Maschine verändert werden. Sie ist damit zwingend in den eigentlichen Konstruktionsprozess einzubinden.

Zur Veranschaulichung dient folgendes Beispiel: Ein Trinkglas mit dickem Boden und nach oben schmalerer Form ist inhärent (stand-)sicher, also aufgrund seiner Geometrie relativ sicher vor dem Umkippen, weil der Schwerpunkt durch konstruktive Maßnahmen sehr tief liegt.

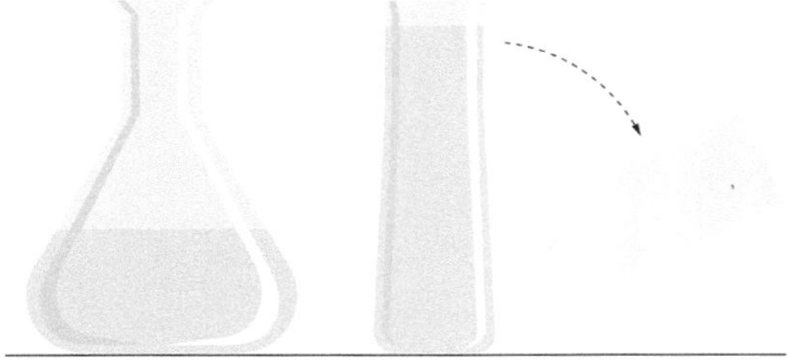

Bild 4: Beispiel inhärentes Design

3.2 Risikoreduzierung durch „Technische Schutzmaßnahmen“

Kann eine weitere Risikoreduzierung durch inhärentes Design nicht erzielt werden, weil z. B. ein Zugang zum Gefahrenbereich einer Maschine durch den Bediener notwendig ist, müssen technische Schutzmaßnahmen als nächste Maßnahme verwendet werden. Zu den technischen Schutzmaßnahmen werden insbesondere trennende und nicht trennende Schutzeinrichtungen gezählt. Aber auch die klassischen Not-Halt-Einrichtungen fallen unter diesen Bereich.

3.2.1 Trennende Schutzeinrichtungen

Trennende Schutzeinrichtungen haben im Wesentlichen zwei Aufgaben: Einerseits sollen sie den Zugang zu Gefahrenbereichen physisch verhindern. Andererseits sollen sie Personen auch Schutz gegen herausgeschleuderte Gegenstände bieten, die sich außerhalb des Gefahrenbereichs befinden.

Zu den trennenden Schutzeinrichtungen zählen typischerweise Schutzzäune und Maschinenverkleidungen.

Man spricht in diesem Zusammenhang von festen, trennenden Schutzeinrichtungen.

Bild 5: Schutzzaun als trennende Schutzeinrichtung

Bild 6: Schutztür mit Verriegelungseinrichtung

In einigen Fällen können Schutzzäune so massiv konstruiert sein, dass sie sogar unkontrollierten Maschinenbewegungen, z.B. durch Roboter, standhalten.

Um den Zugang zu Gefahrenbereichen zu ermöglichen, eignen sich sogenannte bewegliche, trennende Schutzeinrichtungen, wie z.B. Schutztüren, Schutzklappen usw. Um einen wirkungsvollen Schutz zu gewährleisten, müssen diese mit der Maschinensteuerung verriegelt sein, das bedeutet, dass beim Öffnen einer Tür ein Stoppsignal erzeugt werden muss, um damit z.B. das Stillsetzen gefahrbringender Bewegungen einzuleiten.

Bei der Auslegung von trennenden Schutzeinrichtungen ist unbedingt der erforderliche Sicherheitsabstand zum Gefahrenbereich zu berücksichtigen, andernfalls kann keine hinreichende Risikominderung erreicht werden. In der Praxis sind immer wieder Anwendungen anzutreffen, bei denen trennende Schutzeinrichtungen einfach zu umgehen sind.

3.2.2 Nicht trennende Schutzeinrichtungen

Nicht trennende Schutzeinrichtungen kommen insbesondere dort zum Einsatz, wo ein einfacher und häufiger Zugang zum Gefahrenbereich gefordert ist. Im Gegensatz zu trennenden Schutzeinrichtungen verhindern sie den Zugang zum Gefahrenbereich nicht physisch, sondern detektieren die Anwesenheit von Personen durch die Verwendung von sensitiven Schutzeinrichtungen. Durch geeignete steuerungstechnische Maßnahmen wird dann beim Ansprechen der nicht trennenden Schutzeinrichtung ein Stoppsignal ausgelöst.

Zu den wichtigsten Vertretern nicht trennender Schutzeinrichtungen gehören:

- berührungslos wirkende Schutzeinrichtungen (Lichtgitter, Lichtvorhänge, Laserscanner etc.)
- Zwei-Hand-Bedienung
- Schaltmatten und Schaltplatten
- Schaltleisten
- Zustimmeinrichtungen
- Steuereinrichtungen mit selbständiger Rückstellung (Tipptaster)

3.2.3 Not-Halt-Einrichtung als ergänzende Schutzmaßnahme

Praktisch an jeder Maschine findet sich auch mindestens eine Not-Halt-Einrichtung. Durch die gelb-rote Farbgebung hat sie eine hohe Symbolkraft. Ein Bediener erwartet beim Betätigen schlichtweg, dass alle relevanten Gefährdungen „abgeschaltet“ werden. Auch in der Maschinenrichtlinie bzw in der neuen MVO hat die Not-Halt-Einrichtung eine wichtige Bedeutung: Nur in den Fällen, wo ein Not-Halt keinen Beitrag zur Risikominderung liefert, darf auf die Einrichtung verzichtet werden.

Bei näherer Betrachtung stellt sich jedoch heraus, dass Not-Halt-Einrichtungen nur bedingt einen wesentlichen Beitrag leisten können. Der wichtigste Nachteil ist, dass sie im Gefahrenfall aktiv vom Anwender betätigt werden müssen. In der Regel kann auch die gefährdete Person nicht selbst die Befehlseinrichtung betätigen, sondern ist auf die Anwesenheit anderer Personen angewiesen. Aus diesem Grund sollte bei der Erstellung von Sicherheitskonzepten primär auf ein schlüssiges Gesamtkonzept von trennenden und nicht trennenden Schutzeinrichtungen geachtet werden. Das Not-Halt-Konzept sollte das Gesamtkonzept sinnvoll ergänzen. In keinen Fall sollte die Not-Halt-Einrichtung als Ersatz für andere technische Maßnahmen angesehen werden.

Je nach Komplexität der Maschinen – insbesondere bei integrierten Fertigungssystemen, die aus verschiedenen verketteten Maschinen bestehen – findet man abgestufte Not-Halt-Konzepte mit teilweise sich überlagernden Sicherheitskreisen.

In diesem Fall muss der Wirkbereich der jeweiligen Not-Halt-Kreise für den Anwender einfach ersichtlich sein. Dies kann z. B. durch graphische Symbole, die an den einzelnen Befehlseinrichtungen angebracht sind, erfolgen.

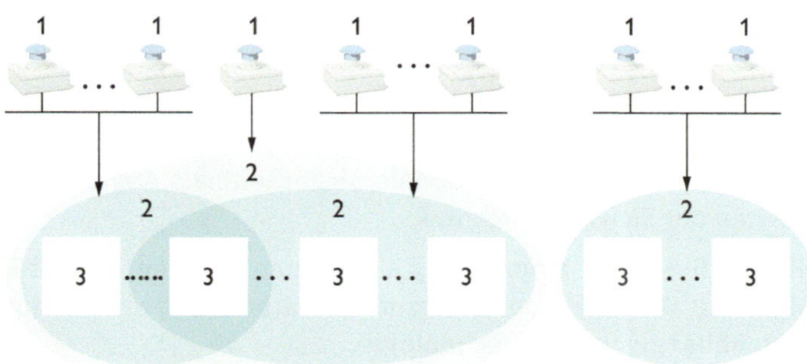

Legende

1 Not-Halt-Befehlseinrichtung
2 Wirkbereiche der Not-Halt-Abschaltungen
3 Maschinen- oder Anlagenteil

Bild 7: Not-Halt-Konzept mit überlagerten Schutzbereichen

3.3 Risikoreduzierung durch „Benutzerinformation"

Ist eine weitere Risikoreduzierung mit technischen Maßnahmen nicht mehr sinnvoll, kann mithilfe von organisatorischen Maßnahmen eine weitere Risikominderung erzielt werden. Insbesondere auf versteckte Restrisiken ist gesondert hinzuweisen. Dies kann einerseits direkt vor Ort durch die Verwendung von Restgefahrenschildern, Gebotsschildern oder auch Arbeitsanweisungen erfolgen.

Bild 8: Beispiel für ein Restgefahrenschild

Auch muss in der Bedienungsanleitung auf Restrisiken hingewiesen werden. Darüber hinaus können Schulungsmaßnahmen, die für Benutzer verpflichtend zu absolvieren sind, als Ergänzung angesehen werden.

4 Sichere Steuerungstechnik

Die Wirksamkeit der im Kapitel 3.2 beschriebenen Maßnahmen ist von der korrekten Funktion bzw. Ausführung der sicherheitsrelevanten Steuerungsteile abhängig. Diesen Aspekt nennt man „funktionale Sicherheit“ als Abgrenzung zu anderen Teilgebieten der Sicherheitstechnik.

Als Steuerung gelten in diesem Zusammenhang alle Elemente von der Sensorik (Erfassung von Signalen) über die Logikelemente (Verarbeitung) bis hin zur Aktorik (Ausgabe), unabhängig von der Technologie.

4.1 Erfassung von Signalen

4.1.1 Schutztürverriegelung mit und ohne Zuhaltung

Ohne eine wirksame Verriegelung mit der Steuerung ist der Einsatz einer Schutztür nicht geeignet, um einen Beitrag zur Risikominderung zu leisten. Beim Öffnen einer Schutztür muss daher ein Stoppsignal von einer Verriegelungseinrichtung erzeugt werden.

Eine Verriegelungseinrichtung besteht aus dem Betätiger (z. B. Anfahrlineal), dem Sensor (z. B. Positionsschalter) und ggf. der zugehörigen Auswertungseinheit.

Technologisch muss zwischen zwei Grundprinzipien unterschieden werden. Zum einen gibt es elektromechanische Positionsschalter, die nach dem Prinzip der Zwangsöffnung konstruiert sind. Der Betätiger wird dabei so an der Schutztür angebracht, dass beim Öffnen der Tür der Stromkreis „zwangsläufig“ geöffnet bzw. unterbrochen wird. Durch dieses Prinzip können auch sicherheitskritische Fehler – wie ein eventuelles Kontaktverschweißen – durch die mechanische Krafteinwirkung nicht zu einem Verlust der Sicherheitsfunktion führen. Jedoch können andere Fehler, z. B. der Bruch des Betätigers oder Kurzschlüsse in der Verkabelung, dazu führen, dass ein Öffnen der Schutztür nicht unter allen Umständen auch zum sicherheitsgerichteten Abschalten des Steuersignals führt.

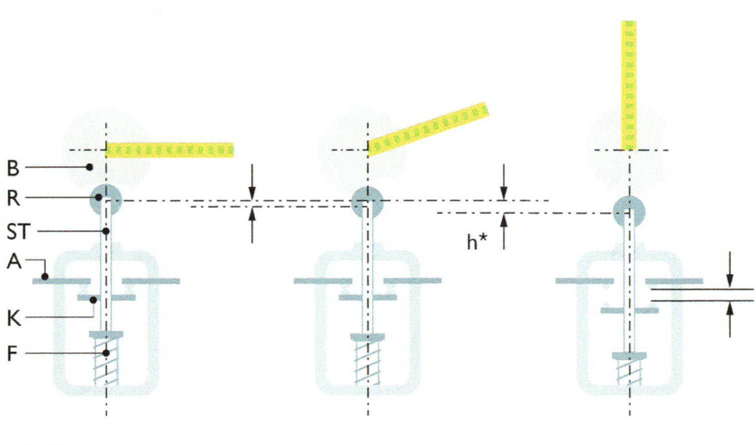

Schutzeinrichtung

Legende

B Stellglied
R Betätigungsorgan
ST Schalterstößel
A Anschlüsse
K Kontaktbrücke
F Schalterfeder
h Mindeststößelweg
* Der vom Hersteller angegebene Mindeststößelweg h ist einzuhalten, damit die für die Zwangsöffnung erforderliche Schaltstrecke gewährleistet ist.

Bild 9: Prinzip der Zwangsöffnung

Zum anderen gibt es Verriegelungseinrichtungen, die nach dem Annäherungsprinzip arbeiten. Bei diesem Prinzip reagiert der Sensor berührungslos auf dem Betätiger. Funktionsbedingt kann die komplette Verriegelungseinrichtung einschließlich des Betätigers praktisch komplett geschlossen konstruiert werden und ist daher weniger anfällig für Schmutz und andere Umwelteinflüsse. Eine wichtige Rolle spielt zudem der Schutz vor Manipulation durch Bediener. Eine Möglichkeit, das potenzielle Risiko zu minimieren, besteht darin, die Verriegelungseinrichtung selbst zu kodieren, d. h., es ist nicht möglich, mit einem anderen Betätiger die Schutzfunktion zu manipulieren. Als weitere Maßnahme lassen sich durch die Verwendung von Einmal-Sicherheitsschrauben Befestigungsmittel nach dem Festziehen nicht mehr zerstörungsfrei lösen. Alternativ können auch konstruktive Maßnahmen, wie z. B. verdeckter Einbau im Maschinengestell, das Risiko durch Manipulation begrenzen.

Es werden vier verschiedene Bauarten von Schutztürverriegelungen unterschieden, die je nach Anwendungsfall ihre spezifischen Vorteile haben.

Tabelle 2: Bauarten von Schutztürverriegelungen

Bauart	Betätigungsprinzip		Beispiele für Betätiger	
Bauart 1	mechanisch	Kontakt, Kraft	unkodiert	Kurvenscheibe
				lineare Nocke
				Scharnier
Bauart 2			kodiert	Zunge
				Schlüsseltransfersystem
Bauart 3	berührungslos	induktiv	unkodiert	geeignetes Eisenmetall
		magnetisch		Magnet, Elektromagnet
		kapazitiv		jedes geeignete Objekt
		Ultraschall		jedes geeignete Objekt
		optisch		jedes geeignete Objekt
Bauart 4		magnetisch	kodiert	kodierter Magnet
		RFID		kodierter RFID-Transponder
		optisch		optisch kodierter Transponder

Neben elektromechanischen Schutztürschaltern bieten insbesondere Verriegelungseinrichtungen der Bauart 4 einige Vorteile: Sie bestehen konstruktiv aus einem Sensor und einem Betätiger.

Aufgrund der verwendeten Technologie kann hier ein maximaler Manipulationsschutz durch Codierung des Sensors erreicht werden. Während bei kontaktbehafteten Türschaltern, wie z.B. Magnetschaltern, eingehende Signale intern nicht auf ihre Plausibilität geprüft werden (siehe Kapitel 8.8), können Bauart-4-Schalter mit interner Elektronik sicherheitstechnisch kaskadiert werden. Fehler im Eingangskreis lassen sich bei einer Reihenschaltung zuverlässig erkennen. Somit lässt sich ein hoher Diagnosedeckungsgrad erreichen (siehe Kapitel 5.6.4).

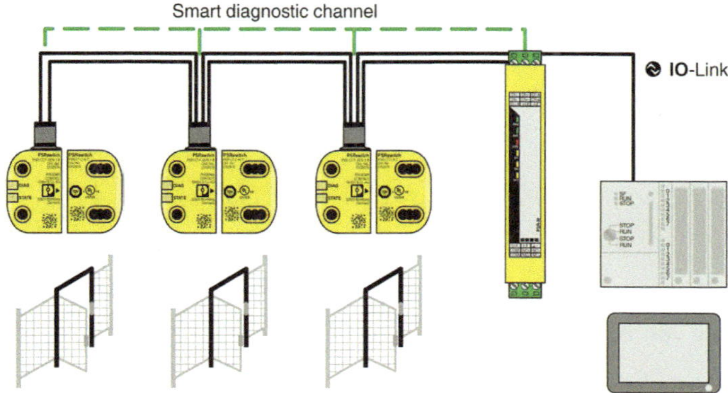

Bild 10: Beispiel Bauart-4-Verriegelungseinrichtung auf RFID-Technologie

Eine Sonderfunktion stellen Verriegelungseinrichtungen mit Zuhaltefunktion dar, deren Zweck es ist, eine Schutztür in der geschlossenen Position zu halten. Sie ist mit der Steuerung so verbunden, dass die Schutztür so lange zugehalten wird, bis das Risiko durch die Maschinenbewegung nicht mehr gegeben ist. Zur Feststellung des Stillstands gibt es unterschiedliche Methoden: Häufig werden diskrete Schaltgeräte verwendet, die beim Feststellen ein sicheres Freigabesignal erzeugen, das den Aktor der Zuhaltung ansteuert. Alternativ wird die Überwachung des Stillstands aus den Parametern der Geschwindigkeitsregelung des sicheren Antriebssystems genutzt (siehe Kapitel 4.3.2).

4.1.2 Berührungslos wirkende Schutzeinrichtungen

Zu den nicht trennenden Schutzeinrichtungen zählen insbesondere berührungslos wirkende Schutzeinrichtungen (BWS), die nach dem optischen Prinzip arbeiten wie z. B. Lichtvorhänge. Diese bestehen aus einem Sender-Empfänger-Prinzip. Wenn eine Person das sogenannte Schutzfeld unterbricht, wird ein Stoppsignal erzeugt. Lichtvorhänge können sowohl vertikal, horizontal als auch in einem Winkel ß zum Gefahrbereich angeordnet sein.

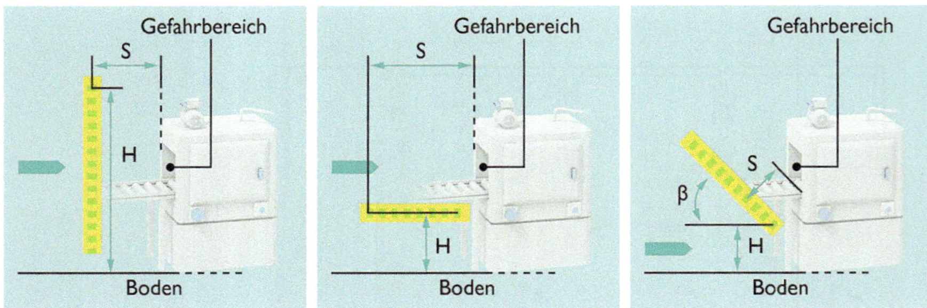

Bild 11: Anordnung von BWS

Eine entscheidende Rolle bei der korrekten Anordnung spielt der Mindestsicherheitsabstand S zum Gefahrbereich, der sich gemäß DIN EN ISO 13855 nach folgender Formel berechnet:

$$S = K \cdot T + C$$

S	Der Mindestsicherheitsabstand in Millimetern von der nächstgelegenen Gefahrstelle zur Detektionsstelle (Schutzfeld) der Schutzeinrichtung. Ein Mindestsicherheitsabstand von 100 mm muss unabhängig vom berechneten Wert mindestens eingehalten werden.
K	Annäherungsgeschwindigkeit in Millimetern pro Sekunde, abgeleitet aus Daten über Annäherungsgeschwindigkeiten des Körpers oder von Körperteilen.
T	Nachlaufzeit des gesamten Systems (Ansprechzeit Schutzeinrichtung + Ansprechzeit Auswertung + Nachlaufzeit Maschine) in Sekunden
C	Ein zusätzlicher Abstand in Millimetern. Dieser zusätzlich addierte Abstand basiert darauf, dass sich ein Körperteil, je nach Auflösung der Schutzeinrichtung, so weit in Richtung Gefahrstelle annähern kann, bis es von der Schutzeinrichtung erkannt wird.

Ein anderer Aspekt hinsichtlich des „Umgehens“ von berührungslos wirkenden Schutzeinrichtungen spielt die Schutzfeldhöhe *H*. So ist bei horizontal angeordneten Schutzfeldern auf eine Maximalhöhe zu achten, damit ein Unterkriechen erschwert wird. Bei vertikal angeordneten Schutzfeldern ist dagegen eine Mindesthöhe des Schutzfeldes in Abhängigkeit vom Sicherheitsabstand zur Gefahrstelle zu berücksichtigen (siehe DIN EN ISO 13855).

Insbesondere bei Lichtvorhängen, die als Zugangssicherung dienen, ist auf eine wirksame Wiederanlaufsperre zu achten. Andernfalls besteht beim Durchschreiten durch das freiwerdende Schutzfeld die Gefahr des unerwarteten Anlaufs von Maschinenbewegungen.

Neben Lichtvorhängen gibt es tastende Lasersysteme, die in der Regel einen horizontalen Schutzbereich absichern. Diese Systeme haben den Vorteil, dass die Schutzfelder individuell an die Gegebenheiten vor Ort angepasst werden können.

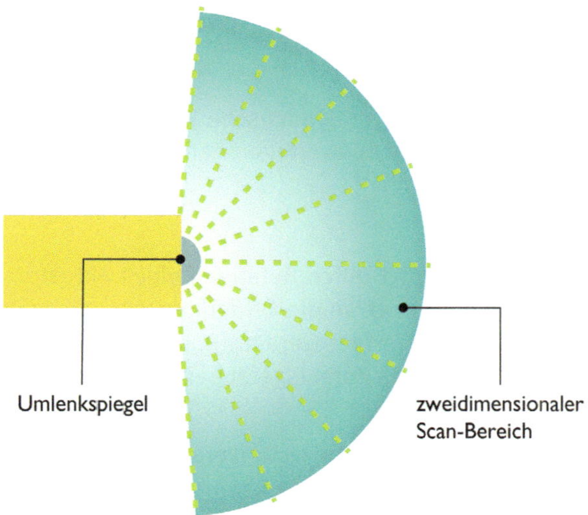

Bild 12: Arbeitsprinzip Laserscanner

Solche Sensorsysteme werden als Active Opto-electronic Protective Device responsive to Diffuse Reflection (AOPDDR) bezeichnet. Die Sensorfunktionen werden durch optoelektronische Sende- und Empfangselemente erzeugt. Diese erkennen die diffuse Reflexion, die von optischer Strahlung im Gerät erzeugt wird, durch ein Objekt, das sich in einem zweidimensionalen Schutzfeld befindet. Dieses Schutzfeld wird per Software im Hinblick auf die örtlichen Gegebenheiten konfiguriert.

Je nach Konstruktionsprinzip werden BWS in verschiedene Typen unterteilt. Damit verbunden ist auch der maximal erzielbare Performance Level (siehe Kapitel 5.2).

Tabelle 3: Zuordnung BWS-Typen zu Performance Level

		Performance Level				
		a	b	c	d	e
BWS-Typ	2	x	x	x		
	3	x	x	x	x	
	4	x	x	x	x	x

BWS besitzen je nach Typ interne Überwachungsmechanismen. Typischerweise werden die Freigabesignale über sogenannte Output-Signal-Switching-Device (OSSD)-Ausgänge zur Weiterverarbeitung bereitgestellt.

Bei diesen Signalen handelt es sich häufig um dynamische Pegel, mit denen Quer- oder Kurzschlüsse auf der Leitung zum Auswertegerät erkannt werden.

4.1.3 Not-Halt-Einrichtungen

Die Auslösung eines Not-Halt-Befehls erfolgt durch Betätigen eines Aktuators (z. B. rot-gelber Pilztaster), indem typischerweise die Öffnerkontakte, die sich im Befehlsgerät befinden, zwangsläufig geöffnet werden (Ruhestromprinzip). Gemäß der Norm DIN EN ISO 13850 muss das Befehlsgerät beim Betätigen verrasten.

Mit dem Betätigen des Not-Halt-Befehls wird an die weiterverarbeitende Steuerung ein entsprechender Stopp-Befehl ausgelöst.

Stopp-Kategorien sind:

- Stopp-Kategorie 0: Energiezufuhr zu den Antriebselementen wird sofort getrennt. Das ist nur möglich, wenn das plötzliche Abschalten der Energie keine Gefährdung verursacht.
- Stopp-Kategorie 1: gesteuertes Stillsetzen: Maschine wird in einen sicheren Zustand versetzt, dann erst wird die Energie zu den Antriebselementen endgültig getrennt. Dies ist sinnvoll, wenn Klemmungen, Bremsen o. Ä. Energie benötigen.
- Stopp-Kategorie 2: Maschine wird in einen sicheren Zustand versetzt, die Energie aber nicht getrennt. Diese Kategorie sollte nur dann genutzt werden, wenn technisch keine Möglichkeit besteht, gefahrlos die Energie zu trennen. Z. B. würde bei einem Kran mit Lasthebemagnet das Abschalten der Spannung am Magnet zum Abstürzen der Last führen.

Bild 13: Unterschiedliche Not-Halt-Befehlseinrichtungen

Ein anschließendes Entriegeln darf nur durch eine bewusste Handlung des Bedieners möglich sein. Nach dem Entriegeln darf zudem kein automatischer Anlauf gefahrbringender Bewegungen erfolgen. Das Entriegeln darf lediglich das Wiedereinschalten ermöglichen.

Neben der Definition des Not-Halt-Begriffs – also dem Anhalten von gefahrbringenden Bewegungen – gibt es auch weitergehende Szenarien wie z. B. Not-Aus (Trennen der Energiezufuhr) oder Not-Auf bzw. Not-Ein (Öffnen bzw. Einschalten im Gefahrenfall). Je nach Applikation können verschiedene Notfallstrategien sich teilweise entgegengesetzt gegenüberstehen und müssen daher im Rahmen der Risikobeurteilung priorisiert werden.

4.1.4 Schaltmatten, Schaltleisten

Schaltmatten oder Schaltleisten gehören ebenfalls – wie BWS – zu den nichttrennenden Schutzeinrichtungen, d. h. sie verhindern nicht den physischen Zugang zum Gefahrbereich. Schaltmatten dienen vornehmlich als Zugangsabsicherung von Gefahrbereichen. Betritt eine Person einen mit Schaltmatten abgesicherten Bereich, leitet ein entsprechendes Ausgangssignal den sicheren Zustand ein. Verlässt eine Person den abgesicherten Bereich, muss darauf geachtet werden, dass kein automatischer Wiederanlauf der gefährlichen Maschinenbewegungen erfolgt.

Schaltleisten dienen dagegen in erster Linie als Einklemmschutz bei kraftbetätigten Türen oder Toren. Wird eine bestimmte Betätigungskraft überschritten, beispielsweise beim Einklemmen eines Fingers oder einer Hand, wird ein entsprechendes Ausgangssignal erzeugt, das die weitere Bewegung stoppt und ggf. eine Umkehrbewegung einleitet.

Zur Auswertung der sicherheitsrelevanten Signale kommen prinzipbedingt verschiedene Verfahren zur Anwendung. Häufig findet man Schaltleisten oder Schaltmatten, die nach dem Kurzschlussprinzip arbeiten. Hierbei wirkt eine Kraft auf den Signalgeber ein, wodurch eine Verformung eintritt. Der Signalgeber enthält dabei auf der Innenseite leitfähige Kontaktflächen, die bei einem definierten Verformungsgrad kurzgeschlossen werden. Die nachgeschaltete Auswerteeinheit wertet diesen Kurzschluss aus, schaltet die gefahrbringende Bewegung ab und verhindert einen Wiederanlauf.

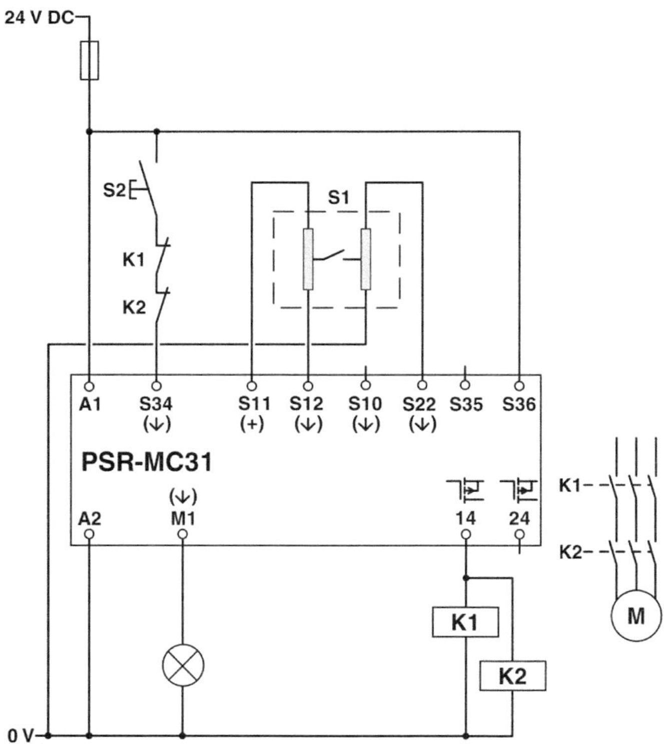

Bild 14: Schaltleiste (S1) nach dem Kurzschlussprinzip mit entsprechender Auswerteeinheit

Ein anderes Verfahren nutzt das Ruhestromprinzip, bei dem der Signalkontakt durch eine Kette aneinandergereihter Öffnerkontakte unterbrochen wird.

Die sicherheitstechnischen Anforderungen an Schaltleisten und Schaltmatten beschreibt die Normenreihe DIN EN ISO 13856.

4.1.5 Zwei-Hand-Bedienung

Einen weiteren Anwendungsfall stellen Zwei-Hand-Bedienungen dar, die den Bedienerzugang während einer gefährlichen Bewegung durch Ortsbindung verhindern sollen. Die Zwei-Hand-Bedienung selbst muss sich in ausreichendem Abstand zur Gefahrenquelle befinden. Der erforderliche Sicherheitsabstand wird gemäß der bekannten Formel aus der DIN EN ISO 13855 bestimmt.

$S = K \cdot T + C$

Im Gegensatz zu BWS kann bei Zwei-Hand-Bedienungen mit einer Annäherungsgeschwindigkeit von K = 1.600 mm/s gerechnet werden. Der Zuschlag C von 250 mm kommt nur zur Anwendung, wenn keine mechanische Verdeckung verwendet wird.

Das Startsignal wird nur ausgelöst, wenn beide Hände auf der Zwei-Hand-Bedienung sind. Sollte auch nur eine Hand von den Tastern genommen werden, muss das Startsignal aufgehoben werden. Ein wesentlicher Nachteil dieser Art von Schutzeinrichtungen ist, dass nur die jeweilige Bedienperson geschützt wird. Sind mehrere Personen an einem Prozess beteiligt, muss für jede Person eine Zwei-Hand-Bedienung vorgesehen werden.

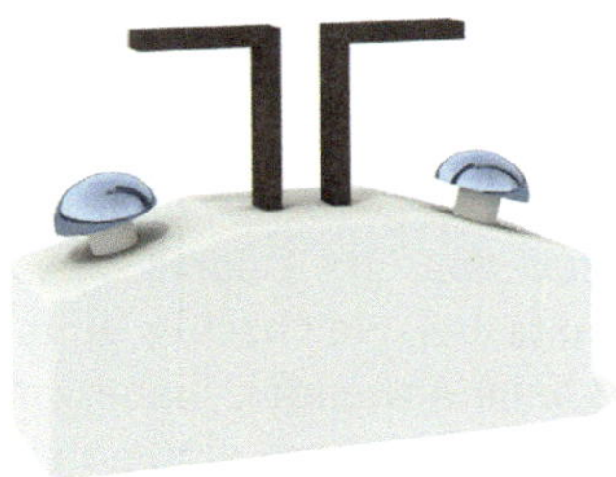

Bild 15: Zwei-Hand-Bedienung

Die sicherheitstechnischen Anforderungen an Zwei-Hand-Bedienungen beschreibt die Norm DIN EN ISO 13851. Hier finden sich neben der Konstruktion und Gestaltung von Zwei-Hand-Bedienungen auch Anforderungen an die Zuverlässigkeit von Steuerungen.

Tabelle 4: Typklassifizierung von Zwei-Hand-Bedienungen

Anforderungen	Typ				
	I	II	IIIA	IIIB	IIIC
Benutzung beider Hände (gleichzeitige Betätigung)	x	x	x	x	X
Beziehung zwischen Eingangssignal und Ausgangssignal	x	x	x	x	x
Beendigung des Ausgangssignals	x	x	x	x	x
Verhindern versehentlicher Betätigung	x	x	x	x	x
Verhindern des Umgehens	x	x	x	x	x
Erneutes Erzeugen des Ausgangssignals		x	x	x	x
Synchrone Betätigung			x	x	x
Mindestens PL c (nach EN ISO 13849-1)	x		x		
Mindestens PL d mit Kategorie 3 (nach EN ISO 13849-1)		x		x	
Anwendung des PL e mit Kategorie 4 (nach EN ISO 13849-1)					x

4.2 Verarbeitung von Signalen

4.2.1 Sicherheitsrelais

Sicherheitsrelais findet man seit vielen Jahren in praktisch jedem Schaltschrank für industrielle Anwendungen. Hohe Zuverlässigkeit durch bewährte Komponenten wie zwangsgeführte Relaiskontakte bei gleichzeitig einfacher Handhabung führen zu einer hohen Akzeptanz beim Anwender. Insbesondere dort, wo hohe Lasten direkt geschaltet werden sollen oder wo eine potenzialfreie Weitergabe sicherheitsrelevanter Signale zur Entkopplung verschiedener Potenziale erreicht werden soll, sind die Haupteinsatzgebiete. Wesentliches Konstruktionsmerkmal sind die intern verwendeten Elementarrelais mit zwangsgeführten Kontakten: Elementarrelais mit zwangsgeführten Kontakten werden eingesetzt, um eine maximale Sicherheit für Mensch und Maschine zu gewährleisten. Öffner- und Schließerkontakt eines Elementarrelais sind durch eine mechanische Vorrichtung miteinander verbunden. Somit wird verhindert, dass Schließer und Öffner gleichzeitig geschlossen sein können.

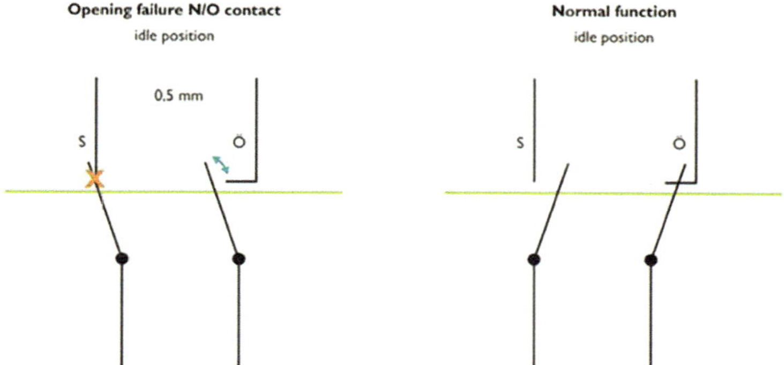

Bild 16: Wirkprinzip eines zwangsgeführten Elementarrelais

In Verbindung mit einer geeigneten Auswertung kann so ein Öffnungsversagen, z. B. verursacht durch Kontaktverschweißen, zuverlässig erkannt und über einen zweiten unabhängigen Abschaltpfad steuerungstechnisch sicher verriegelt werden.

Sicherheitsrelais übernehmen dabei eine Vielzahl unterschiedlicher Sicherheitsfunktionen. Als Beispiele wären zu nennen:

- Not-Halt-Überwachung
- Überwachung von Schutztürverriegelungen und Lichtgittern
- Zwei-Hand-Bedienung
- zeitlich verzögertes Ausschalten

Ein weiteres wichtiges Konstruktionsmerkmal ist die redundante Struktur. Somit können zweikanalige Sensorkreise auf Plausibilität überwacht werden. Im Fehlerfall wird ein Wiedereinschalten verhindert. Zudem werden Kurz- und Querschlüsse in der Feldverkabelung zuverlässig erkannt.

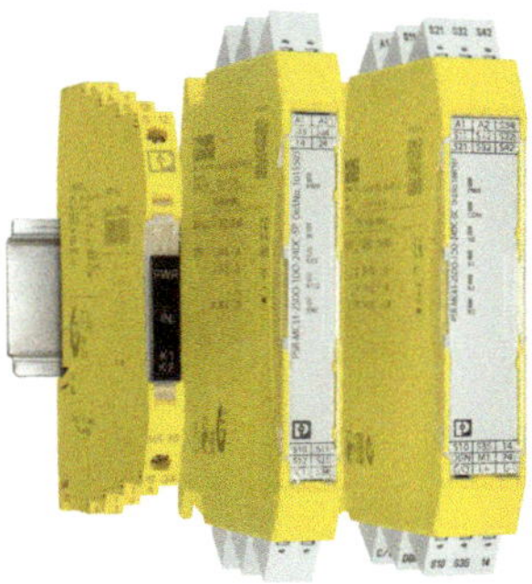

Bild 17: Sicherheitsrelais

4.2.2 Sicherheitsschaltgeräte

Der Begriff „Sicherheitsschaltgerät" wird im Vergleich zum klassischen Sicherheitsrelais weiter gefasst. Häufig finden sich hier Geräte mit komplexeren Sicherheitsfunktionen, die vom Anwender parametriert oder per Software konfiguriert werden können. Zudem werden häufig die klassischen Elementarrelais mit Zwangsführung durch Halbleiterausgänge ersetzt. Aufgrund der relativ einfach beherrschbaren Funktionalität haben sie mittlerweile eine weite Verbreitung gefunden. Die meisten Hersteller bieten umfangreiche Bausteinbibliotheken an, mit denen sich sehr einfach die jeweiligen Funktionen realisieren lassen. In der Regel besitzen solche Systeme sichere Erweiterungsbaugruppen, mit denen die Hardware individuell auf die tatsächliche Applikation angepasst werden kann. Auch lässt sich häufig ein Datenaustausch mit nicht sicherheitsrelevanten Signalen über entsprechende Gateways oder Schnittstellen realisieren. Auf der einen Seite können so Diagnosemeldungen an eine übergeordnete Steuerung abgesetzt werden; zudem lassen sich nicht sicherheitsrelevante Startbedingungen aus der Standardsteuerung wie z. B. Motorschutz, Temperaturüberwachungen etc., in die Freigabekette integrieren. Wichtig dabei ist es, die sogenannte „Rückwirkungsfreiheit" zu gewährleisten, d. h., dass die sicherheitstechnischen Signale keinen Einfluss auf die nicht sicherheitsgerichteten Signale haben.

Bild 18: Konfigurierbares Sicherheitsmodule

4.2.3 Sicherheitssteuerungen

Sicherheitssteuerungen ermöglichen verglichen mit konfigurierbaren Sicherheitsschaltgeräten deutlich komplexere Applikationslösungen. In der Regel bestehen diese aus leistungsfähigen Zentraleinheiten sowie digitalen oder analogen Eingangs- und Ausgangsmodulen. Als Programmiersprachen werden gemäß DIN EN 61131-3 häufig Sprachen mit eingeschränktem Funktionsumfang (Limited Variability Languages, kurz: LVL), z. B. Funktionsbausteinsprache, Kontaktplan, Strukturierter Text oder Anweisungsliste, eingesetzt. Leistungsfähige Systeme sind in der Lage, Hunderte von sicheren I/O-Signalen zu verarbeiten. Häufig sind Sicherheitssteuerungen Teil einer gemeinsamen Steuerungsplattform, die auch und in erster Linie nicht sicherheitsgerichtete Steuerungsfunktionen übernehmen. In diesem Fall kann ein einheitliches Engineering-Werkzeug verwendet werden, das einen einfachen Datenaustausch zwischen sicherheits- und nicht sicherheitsgerichteten Informationen ermöglicht.

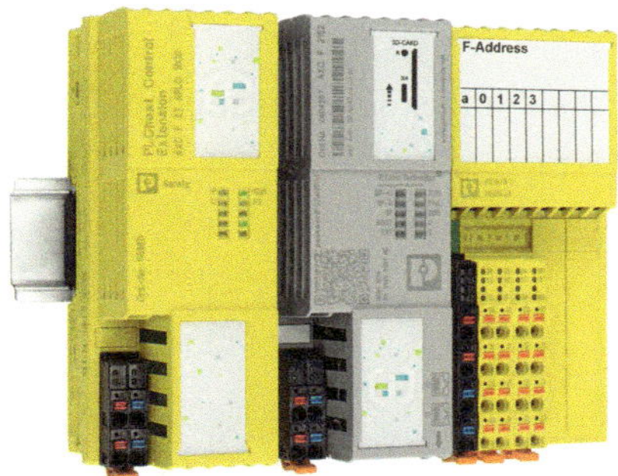

Bild 19: Sicherheitssteuerung mit sicheren I/O

4.2.4 Sichere Kommunikation und Netzwerke

Ein sicherheitsgerichtetes Bussystem dient der Übertragung sicherheitsbezogener Signale und besteht neben den Logikeinheiten für Sicherheitsfunktionen aus einer Übertragungsstrecke, die aus einem Übertragungsmedium (z.B. elektrische Leitung), der Schnittstelle zwischen der Nachrichtenquelle oder -senke und der Buselektronik (z.B. logische Protokollbausteine, Treiberbaustufen) besteht.

In der Praxis werden sowohl proprietäre Netzwerke als auch gemischte Systeme angewendet, bei denen sicherheits- und nicht sicherheitsgerichtete Nachrichten über das gleiche Medium übertragen werden.

In industriellen Anwendungen haben sich insbesondere Protokolle wie PROFIsafe® oder Fail-Safe-over EtherCAT® (FSoE) durchgesetzt. Diese und weitere Profile sind in der Normenreihe DIN EN 61784-3 standardisiert.

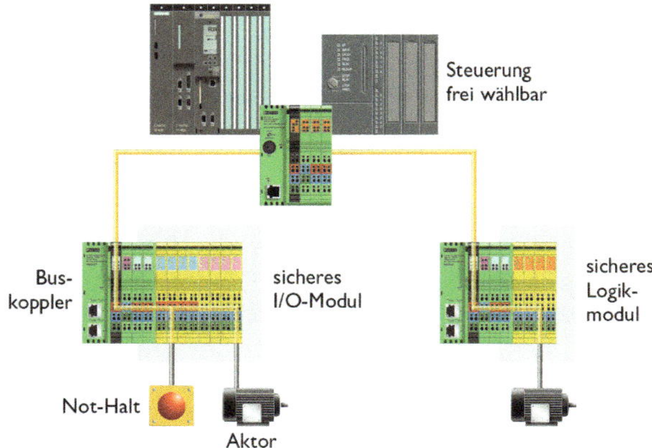

Bild 20: Beispiel Sicherheitsbussystem

Aufgrund der spezifischen Topologie müssen folgende Übertragungsfehler beherrscht werden:

- Wiederholung, Verlust und Einfügung von Nachrichten
- falsche Abfolge von Nachrichten
- Verfälschung, fehlerhafte Adressierung
- Verzögerung
- Maskerade von sicherheits- und nicht sicherheitsgerichteten Nachrichten

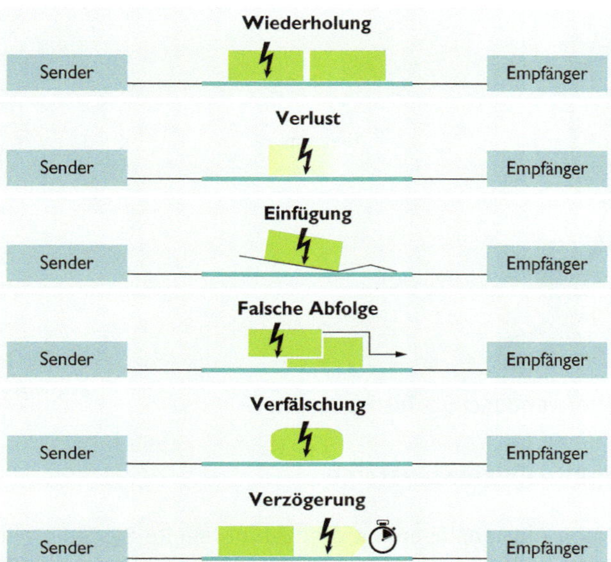

Bild 21: Beispiel Sicherheitsbussystem

4.3 Aktorik

4.3.1 Schütze

Wenn hohe elektrische Leistungen geschaltet werden sollen, kommt man in der Automatisierungstechnik um den Einsatz von Schützen nicht herum.

Schütze unterscheiden sich von Relais hauptsächlich durch eine höhere Schaltleistung, den dadurch bedingten Ankermechanismus sowie die Art der Schaltkontakte (doppelt statt einfach unterbrechend).

Um bei häufiger Betätigung ein Abnutzen (Kontaktabbrand, Verschleiß beweglicher Bauteile etc.) zu vermeiden, wurden Schütze auf Basis von Leistungshalbleitern entwickelt. Anders als beim mechanischen Schütz ist beim Halbleiterschütz keine sichere Trennung der Leistungskontakte in der geöffneten Schaltstellung gegeben. Mit solchen Halbleiterschützen lassen sich je nach Signalvorverarbeitung Sicherheitsfunktionen bis PL e realisieren.

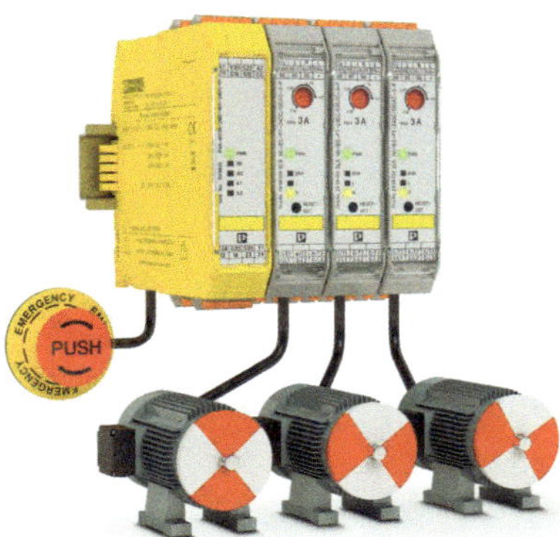

Bild 22: Sicheres Halbleiterwendeschütz bis PL e

4.3.2 Drehzahlgeregelte Antriebssysteme

Häufig werden bei heutigen Antriebslösungen drehzahlgeregelte Systeme mit Frequenzumrichtern eingesetzt. Aus sicherheitstechnischer Sicht kann die Drehzahlveränderung eine Bewegung eines Maschinenteils, die für den Bediener gefährlich ist, zur Folge haben. Grundsätzlich lassen sich zwei Arten von Frequenzumrichtern unterscheiden: Zum einen konventionelle Systeme (sogenannte Power Driven Systems, kurz: PDS) zur Erfüllung rein funktionaler Aufgaben. Da solche Systeme nicht für sicherheitsrelevante Aufgaben spezifiziert worden sind, müssen zusätzliche externe Maßnahmen vorgesehen werden. Dies können z.B. Drehzahl- oder Stillstandwächter sein, die entsprechende Gebersignale zweikanalig auswerten und bei Bedarf den sicheren Zustand einleiten.

Darüber hinaus sind auch Frequenzumrichter mit bereits integrierten Sicherheitsfunktionen – PDS(SR) – verfügbar. In diesem Fall übernimmt das Antriebssystem selbst die Überwachung sicherheitsrelevanter Parameter und Grenzwerte.

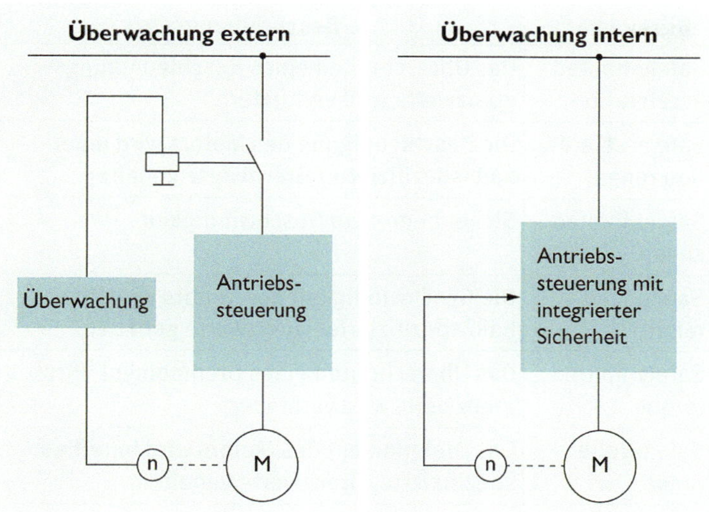

Bild 23: Prinzipien für Antriebssteuerungen

Die Norm DIN EN 61800-5-2 definiert wichtige (Teil-)Sicherheitsfunktionen für drehzahlgeregelte Antriebssysteme.

Tabelle 5: Sicherheitsfunktionen bei drehzahlgeregelten Antriebssystemen

Abkürzung	Bezeichnung	Beschreibung
STO	Safe torque off	Motor erhält keine Energie, die eine Drehbewegung erzeugen kann; Stopp-Kategorie 0 nach DIN EN 60204-1.
SS1	Safe stop 1	Motor verzögert; Überwachung Bremsrampe und STO nach Stillstand oder STO nach Ablauf einer Verzögerungszeit; Stopp-Kategorie 1 nach DIN EN 60204-1.
SS2	Safe stop 2	Motor verzögert; Überwachung Bremsrampe und SOS nach Stillstand oder SOS nach Ablauf einer Verzögerungszeit; Stopp-Kategorie 2 nach DIN EN 60204-1.
SOS	Safe operating stop	Motor steht still und widersteht externen Kräften.

Abkürzung	Bezeichnung	Beschreibung
SLA	Safely-limited acceleration	Das Überschreiten eines Beschleunigungsgrenzwerts wird verhindert.
SAR	Safe acceleration range	Die Beschleunigung des Motors wird innerhalb spezifizierter Grenzwerte gehalten.
SLS	Safely-limited speed	Sicher begrenzte Geschwindigkeit
SSR	Safe speed range	Die Geschwindigkeit des Motors wird innerhalb spezifizierter Grenzwerte gehalten.
SLT	Safely-limited torque	Das Überschreiten eines Drehmoment-/Kraftgrenzwerts wird verhindert.
STR	Safe torque range	Das Drehmoment des Motors wird innerhalb spezifizierter Grenzwerte gehalten.
SLP	Safely-limited position	Das Überschreiten eines Positionsgrenzwerts wird verhindert.
SLI	Safely-limited increment	Der Motor wird um ein spezifiziertes Schrittmaß verfahren und stoppt anschließend.
SDI	Safe direction	Die nicht beabsichtigte Bewegungsrichtung des Motors wird verhindert.
SMT	Safe motor temperature	Das Überschreiten eines Motortemperaturgrenzwerts wird verhindert
SBC	Safe brake control	Sichere Ansteuerung einer externen Bremse
SCA	Safe CAM	Während sich die Motorposition in einem spezifizierten Bereich befindet, wird ein sicheres Ausgangssignal erzeugt.
SSM	Safe speed monitor	Während die Motordrehzahl niedriger als ein spezifizierter Wert ist, wird ein sicheres Ausgangssignal erzeugt.

Für die Aufnahme der Bewegung eines Antriebselements werden oftmals Näherungsschalter oder Drehgeber (Encoder) verwendet.

Bild 24: Sicherheitsencoder und Näherungsschalter

Hat sich der Anwender zur Nutzung von Näherungsschaltern entschieden, sind für die Umsetzung einer redundanten Architektur zwei Sensoren an einem Zahnrad oder einer Lochscheibe anzubringen. Die durch die Bewegungsimpulse in Abhängigkeit von der Zeit entstehende Frequenz wird beispielsweise in der Logik eines externen Safe-Motion-Moduls ausgewertet. Durch die Anordnung der Näherungsschalter (S1 und S2) in Bild 25 ist sichergestellt, dass mindestens ein Schalter immer bedämpft ist und somit eine zusätzliche Diagnose gegeben ist.

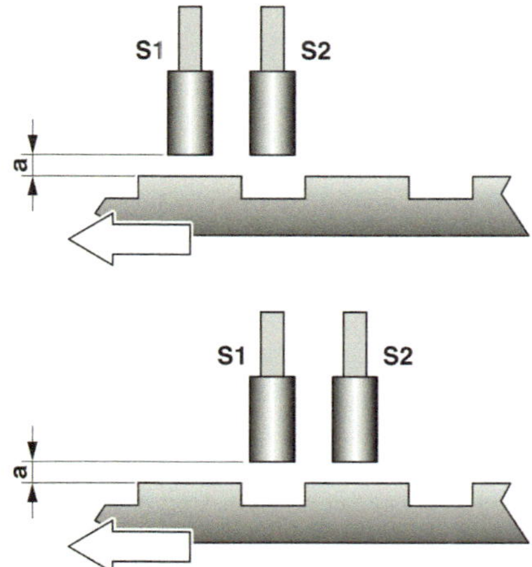

Bild 25: Anordnung von Näherungsschaltern zur Safe-Motion-Überwachung

Als Vergleichswert gegen die parametrierten Schaltschwellen zur Über- oder Unterdrehzahlüberwachung lässt sich die gemessene Frequenz heranziehen. Die Bewegungsüberwachung durch einen am Antriebsstrang installierten Encoder funktioniert ähnlich. Zwar werden Drehgeber mit einer unterschiedlichen Ausprägung angeboten, doch häufig kommen Singleturn-Encoder mit HTL-,

TTL- oder Sinus-/Cosinus-Schnittstelle zur Anwendung. Durch die Analyse der Signalperioden kann das Überwachungsmodul neben den Sicherheitsfunktionen zur Geschwindigkeitsüberwachung so ebenfalls die Bewegungsrichtung sicher auswerten.

Im Vergleich mit der Betrachtung von Näherungsschaltern lassen sich die Signale der Encoder jedoch noch genauer diagnostizieren. Diese Diagnose ist für die Auswertung von sogenannten Safety-Encodern erforderlich, die signalseitig mit Standard-Encodern gleichgesetzt werden können.

Schaut man sich den typischen Aufbau eines Encoders genauer an, so zeigt sich, dass einige Funktionsteile einkanalig und andere Teile zweikanalig realisiert sind. Mechanische Fehler an der Welle, Lagerung und Codescheibe können sich gleichzeitig auf zweikanalige Strukturen innerhalb des Encoders auswirken. Wenn sich nun beispielsweise die Geberwelle von der Motorscheibe löst, wird dieser Fehler nicht ohne zusätzliche Maßnahmen erkannt, da die Ausgangssignale des Gebers weiterhin im zulässigen Bereich liegen. Bauteilfehler in der internen Elektronik müssen ebenfalls beherrschbar sein, denn sie führen zu einer Verfälschung von Ausgangssignalen.

Je nach Art der verwendeten Sensortechnologie lassen sich abhängig von den strukturellen Eigenschaften verschiedene Sicherheitsniveaus erreichen. Voraussetzung ist eine entsprechende Auswerteeinheit, welche die notwendigen Plausibilitätsprüfungen durchführt. Tabelle 6 gibt einen Überblick über typische Architekturen mit den maximal erzielbaren Performance-Leveln unter Berücksichtigung der Kategorienanforderungen (siehe Kapitel 5.6.6).

Tabelle 6: Erreichbarer PL für Safe-Motion-Architekturen

Encoder	Anzahl Näherungsschalter	Max erreichbarer Performance-Level (Kategorie)
1 x Standard-Encoder	-	b (Kategorie B)
2 x Standard-Encoder	-	e (Kategorie 3)
1 x Standard-Encoder	1	e (Kategorie 3)
-	2	e (Kategorie 3)
1 x Safety-Encoder	-	e

4.3.3 Fluidtechnik

Viele Maschinen besitzen zur Erzeugung der Antriebs- oder Bewegungsenergie auch hydraulische oder pneumatische Systeme. Hydraulische Antriebe werden dort verwendet, wo Kräfte unter Einsatz von Medien wie Wasser oder Öl durch Druck übertragen werden. Dagegen wird bei der Pneumatik Luft als Medium zur Druckübertragung verwendet.

Vorteile von Hydraulik:

- Übertragung hoher Kräfte und hoher Leistungen bei kleinem Bauvolumen möglich
- Bewegungen können unter Volllast auch aus dem Stillstand erfolgen
- Kraft und Geschwindigkeit sind stufenlos regelbar

Vorteile von Pneumatik:

- stufenloses Schalten bzw. Regeln der Geschwindigkeiten und Kräfte der Zylinder
- Erreichen sehr hoher Arbeitsgeschwindigkeiten
- einfache Topologien von Druckluftleitungssystemen, da pneumatische Systeme keine Rückleitungen benötigen, weil die entstehende Abluft direkt in die Umgebung entweichen kann

Fluidtechnische Komponenten sind u. a. Pumpen zur Druckerzeugung, Druckspeicher, Filter, Zylinder, Rohre und Schlauchsysteme sowie verschiedenste Arten von Ventilen. Für die Bewertung der funktionalen Sicherheit sind im Rahmen einer Fehlermöglichkeits- und Einflussanalyse (siehe Kapitel 6.3) neben den elektrischen Systemen auch das Zusammenwirken der verschiedenen Ventile unter Fehlerbedingungen zu untersuchen, da sie direkt gefahrbringende Maschinenbewegungen steuern und regeln.

5 Beurteilung der funktionalen Sicherheit

5.1 Von der Risikobeurteilung zur Sicherheitsfunktion

Aus der Risikobeurteilung leitet sich im ersten Schritt die Notwendigkeit einer steuerungstechnischen Maßnahme ab, um das Risiko zu reduzieren. Dies kann z. B. eine Schutztür sein, die einen Roboter beim Öffnen in den sicheren Halt überführt. Die Definition der Sicherheitsfunktion ist folglich ein wichtiger Schritt im Gestaltungsprozess.

Zur Spezifizierung einer Sicherheitsfunktion sind folgende Überlegungen anzustellen:

1) Was ist das auslösende Ereignis? In welcher Betriebsart ist die Sicherheitsfunktion aktiv?
   Beispiel ⇢ Öffnen einer Schutztür während des Automatikbetriebs
2) Was ist die Reaktion?
   Beispiel ⇢ gesteuertes Stillsetzen des Antriebs 1
3) Wie ist der sichere Zustand? Nach welcher Zeit soll dieser erreicht sein?
   Beispiel ⇢ Antrieb 1 erhält spätestens zwei Sekunden nach Anforderung keine Energie mehr.

Auch die Bedingungen für einen Wiederanlauf nach Anforderung der Sicherheitsfunktion oder nach Fehlererkennung sollten definiert sein. So kann entsprechend Risikohöhe und Gestaltungsarchitektur ein Funktionstest nach dem Öffnen einer Schutztür erforderlich sein.

In Tabelle 7 sind beispielhaft einige typische Sicherheitsfunktionen dargestellt.

Tabelle 7: Spezifikation von Sicherheitsfunktionen

Spezifikation	Auslösendes Ereignis
Sicherheitsbezogene Stoppfunktion	Öffnen einer Schutztür oder Unterbrechung eines Lichtgitters
Manuelle Rückstellfunktion	Betätigen der Rückstelleinrichtung
Start-/Wiederanlauffunktion	Start durch Schließen einer Schutztür
Mutingfunktion	Aktivierung der Mutingsensoren durch Transportgut
Einrichtung mit selbsttätiger Rückstellung (Tippschalter)	Loslassen des Tipptasters
Zustimmfunktion	Betätigen des Zustimmtasters
Verhinderung des unerwarteten Anlaufs	Auslenkung eines Bedienstellteils
Steuerungsfunktionen und Betriebsartenwahl	Betätigen des Wahlschalters zur Aufhebung von Sicherheitsfunktionen
Funktion zum Stillsetzen im Notfall	Betätigen einer Not-Halt-Befehlseinrichtung

5.2 Von der Sicherheitsfunktion zum PL_r

Im nächsten Schritt wird für die zuvor festgelegte Sicherheitsfunktion anhand des Risikographen sowie unter Beachtung verschiedener Parameter der erforderliche Performance Level PL_r definiert. An einer Maschine sind in der Regel mehrere verschiedene Sicherheitsfunktionen mit unterschiedlichem Risiko bzw. unterschiedlichen PL_r anzutreffen. Bei der Auswahl der jeweiligen Parameter ist zu berücksichtigen, dass diese den Zustand beschreiben, als sei noch keine Schutzmaßnahme realisiert. Dies ist manchmal schwierig nachzuvollziehen, da bei vielen Konstrukteuren die spätere installierte Lösung bereits gedanklich existiert. Bei der Bestimmung des PL_r handelt es sich um einen generischen Ansatz, der von einer Eintrittswahrscheinlichkeit eines Gefährdungsereignisses im ungünstigsten Fall ausgeht (die Eintrittswahrscheinlichkeit beträgt 100 %). In Fällen, in denen die Eintrittswahrscheinlichkeit als gering beurteilt werden kann (diese Entscheidung sollte begründet und dokumentiert werden), ist eine Herabstufung um einen Performance-Level möglich.

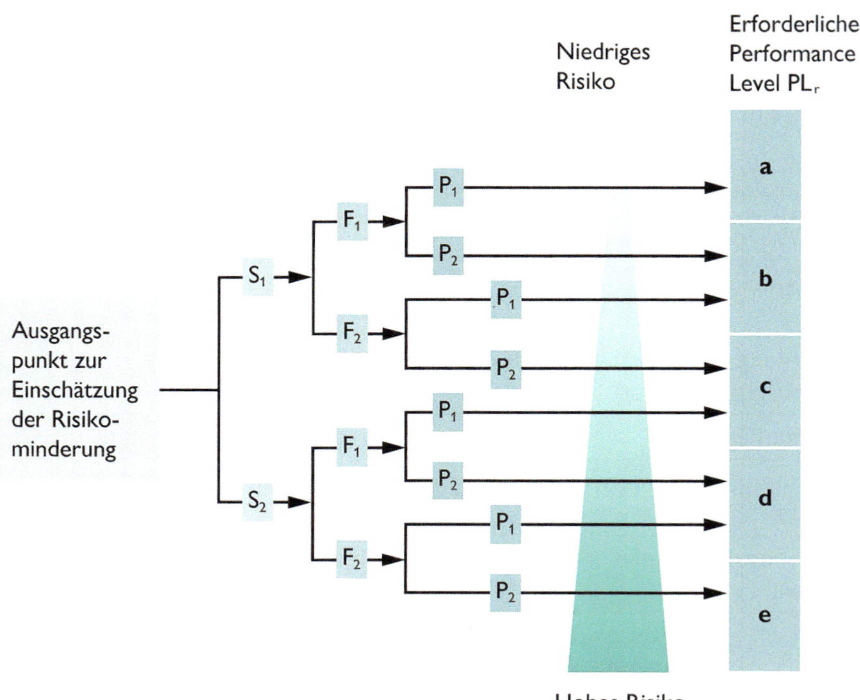

Bild 26: Risikograph nach DIN EN ISO 13849-1, Bild A.1 – Diagramm für die Bestimmung des PLr einer Sicherheitsfunktion

5.2.1 Schwere der Verletzung – S

Der Parameter S leitet sich aus dem Englischen ab und steht für „severity".

- S1: leichte, in der Regel reversible Verletzungen
- S2: ernste, in der Regel irreversible Verletzungen, einschließlich Tod

Eine Schnittverletzung kann in den meisten Fällen als reversibel (S1) eingestuft werden, sofern der Verletzte nach entsprechendem Heilungsprozess an seinen Arbeitsplatz zurückkehren kann. Ein komplizierter Knochenbruch jedoch kann dauerhafte Einschränkungen zur Folge haben, die eine Rückkehr zur ursprünglichen Tätigkeit nicht zulassen. Hier ist im Einzelfall zu entscheiden. Eine Amputation oder ein Unfall mit Todesfolge wird immer als „ernst" (S2) eingestuft.

5.2.2 Häufigkeit und Dauer der Gefährdungsexposition – F

Der Parameter F leitet sich aus dem Englischen ab und steht für „frequency".

- F1: selten bis weniger häufig und/oder die Zeit der Gefährdungsexposition ist kurz
- F2: häufig bis dauernd und/oder die Zeit der Gefährdungsexposition ist lang

Eine explizite Zeitangabe, was als „selten" und was als „häufig" anzusehen ist, lässt sich nicht direkt ableiten. Vielmehr kommt dem Arbeitsprozess eine wichtige Bedeutung zu: Handelt es sich beispielsweise um einen manuellen Prozess, wo der Bediener ein zu bearbeitendes Werkstück zwischen ein Werkzeug einlegt, so ist dies ein Merkmal für eine als „häufig" einzustufende Gefährdungsexposition. Handelt es sich dagegen um einen vollständig automatisierten Arbeitsprozess, wo der Bediener lediglich für kurze Serviceintervalle (z. B. Reinigung) den Gefahrenbereich betreten muss, so kann vermutlich von einer „seltenen Gefährdungsexposition" ausgegangen werden.

Kritisch ist auch hier wieder der Grenzbereich einzustufen: Ist beispielsweise die typische Dauer für die Wartungs-/Einrichtarbeit relativ „hoch" im Vergleich zum üblichen Produktionsprozess, so ist unter Umständen F2 zu wählen. Auch hier ist im Einzelfall zu entscheiden.

Liegt keine andere Rechtfertigung vor, sollte F2 gewählt werden, wenn die Häufigkeit höher ist als einmal 15 Minuten. F1 darf gewählt werden, wenn die gesamte Expositionsdauer 1/20 der gesamten Betriebsdauer nicht überschreitet und die Häufigkeit nicht höher als einmal je 15 Minuten ist.

5.2.3 Möglichkeit zur Vermeidung der Gefährdungsereignisse – P

Der Parameter P leitet sich aus dem Englischen ab und steht für „possibility (of avoidance)".

- P1: möglich unter bestimmten Bedingungen
- P2: kaum möglich

Die Wahrscheinlichkeit, mit der die Gefährdung vermieden wird, sowie die Wahrscheinlichkeit des Eintretens eines Gefährdungsereignisses sind im Parameter P miteinander kombiniert. Wenn eine Gefährdungssituation eintritt, sollte P1 nur dann gewählt werden, wenn eine realistische Chance besteht, dass eine Gefährdung vermieden oder deren Auswirkung deutlich verringert wird; ansonsten sollte P2 ausgewählt werden.

Während die Bestimmung der Parameter S und F in vielen Fällen noch relativ einfach erscheint, so ist das bei Parameter P nicht immer gegeben. Wann bzw. unter welchen Bedingungen ist eine Gefährdungsvermeidung möglich? Ein wichtiges Kriterium ist z. B. die Geschwindigkeit, mit der sich eine Gefährdung ausbreitet oder auftritt. Bei langsamen Geschwindigkeiten wäre ein Bediener in der Lage, eine Gefährdung zu erkennen und auszuweichen; bei plötzlich auftretenden Gefährdungen wie einem unerwarteten Anlauf von Maschinenteilen ist dies nicht mehr einfach möglich.

Neben der Geschwindigkeit sind aber noch andere Kriterien zu berücksichtigen:

- Qualifikation des Bedienpersonals (Angelernte oder Fachkräfte)
- Platzverhältnisse vor Ort
- existierende oder nicht existierende Beaufsichtigung des Betriebsablaufs

In der Fassung der DIN EN ISO 13849-1:2023-12 ist die Bestimmung des Parameters P konkretisiert worden.

Tabelle 8: Bestimmung des Parameters P

Faktor	A	B	C
Benutzung der Maschine durch ...	Fachkraft (Person, die eine Ausbildung und Schulung sowie jahrelange Praxis vereint)	Laie	–
Geschwindigkeit des Teils der Maschine, der ein Gefährdungsereignis erzeugen kann (je nach spezifischer Maschine und der Zeit zum Entkommen aus einer Gefährdungssituation oder zum Vermeiden einer Gefährdungssituation)	Ereignis mit niedriger oder sehr niedriger Geschwindigkeit, z. B. < 250 mm/s, Zeit bis zur Gefährdung ≥ 3 s und/oder ausreichend Zeit zum Entkommen	Ereignis mit mittlerer Geschwindigkeit, z. B. 251 mm/s bis 1.000 mm/s, Zeit bis zur Gefährdung ≥ 1 s und < 3 s und/oder begrenzte Zeit zum Entkommen	Ereignis mit hoher Geschwindigkeit, z. B. > 1.000 mm/s, Zeit bis zur Gefährdung < 1 s und/oder keine oder zu wenig Zeit zum Entkommen

Faktor	A	B	C
räumliche Möglichkeit, sich der Gefährdung zu entziehen	leicht möglich, möglich in ≥ 50 % der Fälle	gelegentlich/selten möglich, möglich in < 50 % der Fälle	nicht möglich
Möglichkeit der Erkennung/Wahrnehmung der Gefährdung (z. B. heiße/kalte Oberfläche, nicht ionisierende Strahlung usw.)	einfaches Erkennen der Gefährdung möglich in ≥ 50 % der Fälle	gelegentliches/seltenes Erkennen der Gefährdung möglich in < 50 % der Fälle	nicht möglich, z. B. Notwendigkeit von Geräten, Unfähigkeit, die Gefährdung mit den Sinnen wahrzunehmen, Verhindern der Wahrnehmung aufgrund von Umgebungsbedingungen
Komplexität der Tätigkeiten (menschliche Interaktion in Bezug auf die Anzahl der Handlungen und/oder die für diese Handlungen zur Verfügung stehende Zeit)	geringe Komplexität, z. B. Einstellen der Werkstückklemmen, oder sehr geringe Komplexität oder keine Interaktion, z. B. Einlegen eines Werkstücks in die Maschine	mittlere bis hohe Komplexität, z. B. Fehlersuche, Verwendung einer Steuerung mit Tippbetrieb zum Errichten eines Teils der Maschine	–

Zur Bestimmung des Parameters P werden jetzt die Vorkommen der Faktoren A, B und C bestimmt.

Der Parameter P1 kann argumentiert werden, wenn gemäß Tabelle 8

- kein „C“, maximal einmal „B“ und alle anderen mit „A“

gewertet wurden.

Für spezifische Situationen kann auch die Kombination

- kein „C“ und maximal zweimal „B“ akzeptiert werden. Dies sollte jedoch in der Risikobeurteilung entsprechend dokumentiert sein.

In allen anderen Fällen sollte P2 gewählt werden.

5.3 Technische Realisierung

Nach der Einstufung des PL_r wird ein erster Entwurf zur technischen Umsetzung unter Berücksichtigung des notwendigen PL erarbeitet. Hier spielen zertifizierte Baugruppen eine wichtige Rolle, da sie die Umsetzung eines Sicherheitskonzepts erheblich vereinfachen. Grundsätzlich lehnt sich die Realisierung an das Konzept „Erfassen" ⇢ „Verarbeitung" ⇢ „Ausgabe", wie in Kapitel 4 beschrieben, an.

Im Ergebnis erhält der Konstrukteur ein Prinzipschaltbild.

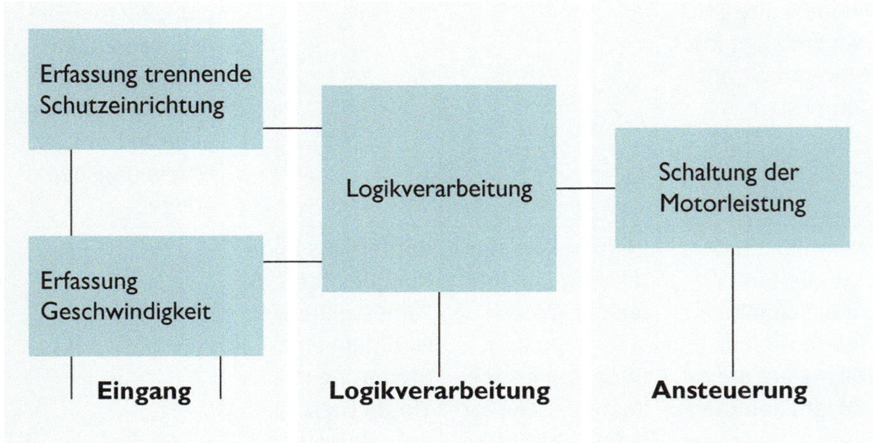

Bild 27: Prinzipschaltbild

In dem Beispiel in Bild 27 soll die sicherheitsrelevante Motoransteuerung nur dann zugelassen werden, wenn entweder die Schutztür geschlossen ist oder bei geöffneter Schutztür eine bestimmte Maximalgeschwindigkeit nicht überschritten wird.

5.4 Identifizierung der sicherheitsrelevanten Steuerungsteile

Je nach Sicherheitsfunktion sind sicherheitsrelevante von nicht sicherheitsrelevanten Signalen zu trennen. Darüber hinaus müssen Störgrößen beachtet werden, die eine Rückwirkung auf sicherheitsrelevante Komponenten haben. Dieser Schritt lässt sich vereinfachen, indem der Konstrukteur bei der Konzipierung (vor-)zertifizierte Komponenten verwendet. In der Regel erfolgt dieser Schritt auf

Basis einer Analyse des Schaltplans, in dem die an der jeweiligen Sicherheitsfunktion beteiligten Komponenten gekennzeichnet werden. Im weiteren Verlauf werden diese Bauteile im Rahmen einer Fehlermöglichkeits- und Einflussanalyse (siehe Kapitel 6.3) hinsichtlich ihres Ausfallverhaltens untersucht.

5.5 Zuweisung zu Teilsystemen

Aus dem technischen Prinzipbild wird das sicherheitstechnische Blockdiagramm entwickelt. Dazu ordnet der Konstrukteur die Komponenten Funktionskanälen zu. Die so entstehenden Strukturen werden dann gemäß den bekannten Kategorien B, 1-4 (siehe Kapitel 5.6.6) eingeteilt. Eine Sicherheitsfunktion besteht demnach immer aus in Reihe geschalteten Teil- oder Subsystemen, deren interne Struktur durch die Kategorie beschrieben ist. Ein solches Teilsystem wird entweder durch den Bauteilhersteller bis zu den Schnittstellen validiert oder muss im Fall von diskreten Komponenten – wie Ventilen oder Schaltern – vom Maschinenkonstrukteur bewertet werden (siehe Kapitel 5.6.8).

Zur Optimierung bietet sich die Zusammenführung von Strukturen mit gleichen Architektureigenschaften oder Kategorien an.

5.6 Bestimmung des erreichten PL

5.6.1 Grundlegende und bewährte Sicherheitsprinzipien

Eine eindeutige Definition für „grundlegende" bzw. „bewährte" Sicherheitsprinzipien existiert bis dato nicht. Trotzdem kann man anhand von Beispielen die Anforderungen ableiten. So soll für „grundlegende Sicherheitsprinzipien" der Einsatz geeigneter Werkstoffe sowie Herstellungsverfahren für die bestimmungsgemäße Verwendung gewährleistet sein. Weiterhin gehören eine richtige Schutzleiterverbindung nach DIN EN 60204-1 sowie Isolationsüberwachungen (Erdschlusswächter) dazu. Insbesondere die Anwendung des Ruhestromprinzips, d. h. die Trennung von der Energiezufuhr, ist ebenfalls ein grundlegendes Sicherheitsprinzip.

Darüber hinaus soll auch die Widerstandsfähigkeit gegen zu erwartende Umgebungseinflüsse (EMV, Temperatur, Feuchte), deren Anforderungen sich auch aus den relevanten Produktstandards ableiten lassen, gewährleistet sein.

Darüber hinaus wird für die Kategorien 1 bis 4 die Anforderung nach „bewährten Sicherheitsprinzipien" gestellt. Das Prinzip der „Zwangsöffnung" (siehe Bild 9) oder „Zwangsführung von Kontakten" (siehe Kapitel 4.2.1) soll an dieser Stelle beispielhaft genannt sein.

5.6.2 Bewährte Bauteile

Im Allgemeinen wird ein Bauteil als „bewährt“ angesehen, wenn es in der Vergangenheit in ähnlichen Applikationen erfolgreich eingesetzt wurde oder alternativ unter Anwendung von Prinzipien hergestellt und verifiziert wurde, die eine entsprechende Eignung und Zuverlässigkeit in sicherheitsrelevanten Applikationen als zulässig betrachten lassen. Die Entscheidung, ein bestimmtes Bauteil als „bewährt“ zu akzeptieren, hängt von der Anwendung ab, beispielsweise von den Umgebungseinflüssen (siehe hierzu auch die Definition von „betriebsbewährt“ in der DIN EN IEC 61508-2:2011-02, Abschnitt 7.4.10).

Die DIN EN ISO 13849-2 enthält für jede Technologie eine „Positivliste“ für bewährte Bauteile. Hier findet sich z. B. für elektrische Systeme die Verwendung von elektromechanischen Komponenten, wie Haupt- oder Hilfsschütze, oder Relais, sofern sie nach entsprechenden Produktstandards spezifiziert sind.

Alternativ kann eine Einstufung als „bewährtes Bauteil“ auch erfolgen, wenn es nach Prinzipien hergestellt, verifiziert und validiert wurde, die seine Eignung und Zuverlässigkeit für sicherheitsbezogene Anwendungen entsprechend den zutreffenden Produkt- und Anwendungsnormen belegen.

Ausgenommen sind ausdrücklich komplexe elektronische Bauteile wie SPS oder Mikroprozessoren.

Die Verwendung von bewährten Bauteilen ist für die Kategorie 1 – und nur hier – zwingend vorgeschrieben.

5.6.3 Mean Time to Failure ($MTTF_D$) – dangerous

Der $MTTF_D$-Wert (bzw. die Fehlerrate λ_d) wurde aus der Norm IEC 61508 abgeleitet und beschreibt die Zuverlässigkeit von sicherheitsrelevanten Steuerungsteilen als mittlere Zeit bis zum gefährlichen Ausfall (englisch: „mean time to failure“). Die $MTTF_D$ wird als Erwartungswert definiert und ist umgekehrt proportional zur Fehlerrate λ_d. In der Regel wird für die $MTTF_D$ die Einheit in „Jahren“ angegeben. Der Wert wird vom Hersteller der Komponente durch Versuchsreihen oder Erfahrungswerte ermittelt und ist nicht zu verwechseln mit der zu erwartenden oder garantierten Lebensdauer. Betrachtet man den typischen Verlauf von zufälligen Ausfällen, erkennt man drei Phasen:

Zunächst die Frühausfälle, zu denen es beispielsweise durch Burn-in-Fehler kommt. In der zweiten Phase ist eine konstante Ausfallrate zu beobachten, bei der unter bestimmungsgemäßer Verwendung das niedrigste Niveau erreicht wird. Zum Ende der Lebensdauer steigt die Ausfallwahrscheinlichkeit wieder überproportional an.

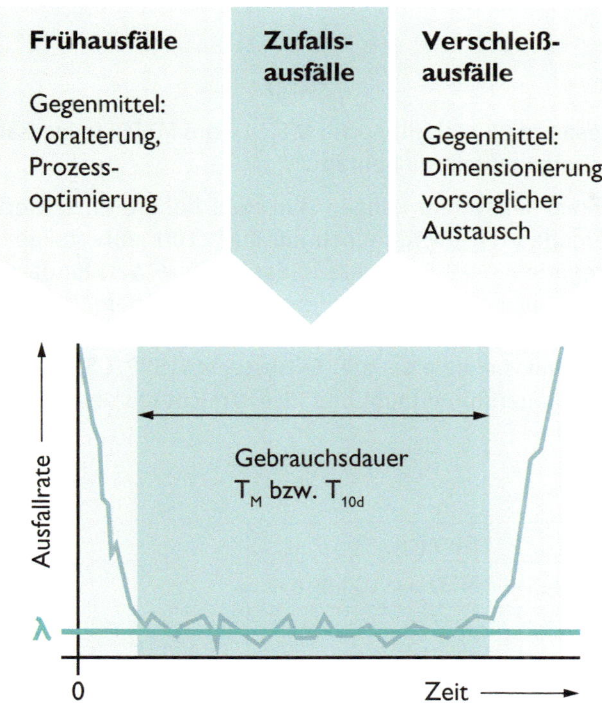

Bild 28: Badewannenkurve des typischen Verlaufs von zufälligen Ausfällen über die Lebensdauer

Die $MTTF_D$ bezieht sich nur auf das konstante Ausfallverhalten in der mittleren Lebenszyklusphase.

Gibt ein Hersteller beispielsweise einen $MTTF_D$ von zehn Jahren für seine Komponente an, bedeutet das, dass statistisch nach zehn Jahren rund 63 % der Komponenten gefährlich ausgefallen sind.

Der $MTTF_D$ wird in drei Stufen „niedrig“, „mittel“ und „hoch“ unterteilt. Im Rahmen der Fehlermöglichkeits- und Einflussanalyse werden für jedes Teilsystem die sicherheitskritischen Komponenten identifiziert und entsprechend der Kategorieeinstufung den jeweiligen Kanälen zugeordnet. Für jeden Kanal wird der resultierende $MTTF_D$ durch folgende Formel berechnet:

$$\frac{1}{MTTF_D}=\sum_{i=1}^{N}\frac{1}{MTTF_{D,i}}$$

Wobei $MTTF_D$ für den gesamten Kanal gilt sowie $MTTF_{D,i}$, die $MTTF_D$ jedes Bauteils ist, welches zur Sicherheitsfunktion beiträgt.

Einzelne Bauteile in einem Teilsystem können durchaus höhere Einzelwerte aufweisen, der resultierende $MTTF_D$ wird jedoch auf max. 100 Jahre gekappt. Ausnahmeregel bei Kategorie 4 ⇢ 2 500 Jahre. Dieser höhere Wert ist darauf zurückzuführen, dass sich in Kategorie 4 andere quantifizierbare Aspekte, Struktur und Diagnosedeckungsgrad auf ihrem Höchststand befinden, was in Kategorie 4 eine Kombination von mehr als drei Teilsystemen (SRP/CS = sicherheitsrelevanter Teil einer Steuerung) erlaubt und PL e erreicht (zu den Kategorien siehe Kapitel 5.6.6).

Tabelle 9: Bereiche für $MTTF_D$

Bezeichnung	Bereich
Niedrig	3 Jahre ≤ MTTFD < 10 Jahre
Mittel	10 Jahre ≤ MTTFD < 30 Jahre
Hoch	30 Jahre ≤ MTTFD ≤ 100 Jahre

Zur Feststellung der jeweiligen Stufe wird eine Genauigkeit von 5 % unterstellt.

Bauteile, bei denen die Ausfallwahrscheinlichkeit im Wesentlichen von der Anzahl der Schaltspiele abhängig ist (Relais, Ventile etc.), werden vom Hersteller mit der Angabe eines B_{10}- bzw. B_{10D}-Wertes ausgewiesen. Dieser Wert beschreibt die Anzahl der Schaltspiele, bei der statistisch 10 % (gefährlich) ausgefallen sind. Gibt der Hersteller eines Bauteils mit mechanischem Verschleiß statt eines B_{10D}-Werts nur einen B_{10}-Wert an, so kann für den B_{10D}-Wert anteilig von 50 % von B_{10} ausgegangen werden ($B_{10D} = 2xB_{10}$). Wenn der Anteil der gefährlichen Ausfälle bekannt ist, kann über den „RDF" (von Englisch: ratio of dangerous failures) der B_{10D}-Wert prozentual bestimmt werden.

Über eine vereinfachte Umrechnung kann die Anzahl der zu erwartenden Schaltspiele pro Jahr (n_{op}) in einen MTTF-Wert umgerechnet werden. Es gilt näherungsweise

$$MTTF_D = \frac{B_{10D}}{0{,}1 \cdot n_{op}}$$

Dabei ist zu beachten, dass die sogenannte Betriebszeit (T_{10D}-Wert) die Einsatzdauer einer Komponente begrenzt. Insbesondere wenn dieser Wert unterhalb der standardmäßigen Gebrauchsdauer (englisch: mission time) von 20 Jahren fällt, muss dem Anwender ein entsprechender Hinweis gegeben werden, dass die Komponente früher getauscht werden muss.

Bei der Abschätzung der $MTTF_D$-Kennwerte sollten primär die Herstellerangaben verwendet werden. Sollten diese Werte fehlen, so können mithilfe von typischen Werten entsprechend guter ingenieurmäßiger Praxis Alternativwerte verwendet werden (siehe DIN EN ISO 13849-1, Anhang C, C.2).

Sollte man hier auch nicht fündig werden, so dürfen Felddaten über Ausfallraten bei identischen Bauteilanwendungen in vergleichbaren Umgebungen, die über einen aussagekräftigen Zeitraum gesammelt wurden, verwendet werden. Als Worst-Case-Abschätzung kann zu guter Letzt von einer $MTTF_D$ von zehn Jahren für eine Komponente ausgegangen werden.

5.6.4 Diagnosedeckungsgrad

Der Diagnosedeckungsgrad (DC) beschreibt die Qualität der fehlerbeherrschenden Maßnahmen in einem Teilsystem. Der Wert selbst wird entweder in Prozent zwischen 0 % und 100 % angegeben oder qualitativ gemäß Tabelle 10 den Bereichen „kein“, „niedrig“, „mittel“ oder „hoch“ zugeordnet.

Tabelle 10: Bereiche für DC

Bezeichnung	Bereich
kein	$DC < 60\,\%$
niedrig	$60\,\% \leq DC < 90\,\%$
mittel	$90\,\% \leq DC < 99\,\%$
hoch	$99\,\% \leq DC$

Praktisch bedeutet dies, dass bei einem $DC = 0\,\%$ kein sicherheitsrelevanter Fehler erkannt wird, während bei einem DC von $> 99\,\%$ „alle“ sicherheitsrelevanten Fehler rechtzeitig erkannt werden.

Die Einteilung dieser Stufen basiert auf der IEC 61508. Es wird dem Anwender jedoch eine Toleranz von 5 % zugestanden.

Im Rahmen einer Fehlermöglichkeits- und Einflussanalyse wird zunächst auf Teilsystemebene für jede Komponente, die anhand des zu erstellenden Blockdiagramms als sicherheitsrelevant identifiziert wurde und Teil der Sicherheitskette ist, eine Bewertung des DC durchgeführt. Mehrere DC-Maßnahmen, die auf ein Bauteil wirken, können kombiniert werden, um einen höheren DC zu erreichen. Hierzu gibt es im Anhang E der DIN EN ISO 13849-1 eine Tabelle, die für viele Anwendungsfälle eine passende Antwort liefert.

Im zweiten Schritt werden für alle identifizierten Komponenten eines Teilsystems die durchschnittlichen Diagnosedeckungsgrade wie folgt abgeleitet:

$$DC_{avg} = \frac{\sum \lambda_{dd}}{\sum \lambda_{d}}$$

λ_{dd} Fehlerrate der gefährlichen, erkannten Fehler („dangerous, detected")
λ_{d} Fehlerrate aller gefährlichen Fehler („dangerous")

Setzt man nun für $\lambda_d = \frac{1}{MTTF_D}$ und für $\lambda_{dd} = DC \cdot \frac{1}{MTTF_D}$ an, so ergibt sich

$$DC_{avg} = \frac{\sum DC \cdot \frac{1}{MTTF_D}}{\sum \frac{1}{MTTF_D}}$$

$$DC_{avg} = \frac{DC_1 \cdot \frac{1}{MTTF_{D,1}} + DC_2 \cdot \ldots}{\frac{1}{MTTF_{D,1}} + \frac{1}{MTTF_{D,2}} + \ldots}$$

Bei dieser Herangehensweise ist es zulässig, dass das System oder die Komponente, die für die Diagnosefunktion in Anspruch genommen wird, selbst außerhalb des betrachteten Teilsystems liegt.

Tabelle 11: Beispielhafte Diagnosemaßnahmen mit resultierendem Diagnosedeckungsgrad

Maßnahme	DC
Eingabeeinheiten	
Zyklischer Testimpuls durch dynamische Änderung der Eingangssignale	90 %
Plausibilitätsprüfung, z. B. Verwendung der Schließer- und Öffnerkontakte von zwangsgeführten Relais	99 %
Logik	
Test der Reaktionsmöglichkeit der Überwachungseinrichtung (z. B. Watchdog) durch den Hauptkanal nach Anlauf, oder wann immer die Sicherheitsfunktion angefordert wird, oder wann immer ein externes Signal dies durch eine Eingangseinrichtung anfordert	90 %
Dynamische Prinzipien (alle Bauteile der Logik erfordern eine Zustandsänderung EIN-AUS-EIN, wenn die Sicherheitsfunktion angefordert wird), z. B. Verriegelungsschaltungen in Relaistechnik	99 %
Ausgabeeinheiten	
Direkte Überwachung (z. B. elektrische Überwachung der Steuerungsventile, Überwachung elektromechanischer Einheiten durch Zwangsführung)	99 %

Komponenten, die zwar Überwachungsfunktionen übernehmen, aber selbst nicht direkt an der Ausführung der Sicherheitsfunktion beteiligt sind, müssen nicht mitberücksichtigt werden.

5.6.5 Fehler gemeinsamer Ursache

Als Ausfälle aufgrund gemeinsamer Ursache (englisch: common cause failure, kurz: CCF) werden gleichzeitige Ausfälle in redundanten Systemen bezeichnet, die als Folge einer einzelnen Fehlerursache oder eines einzelnen Ereignisses auftreten.

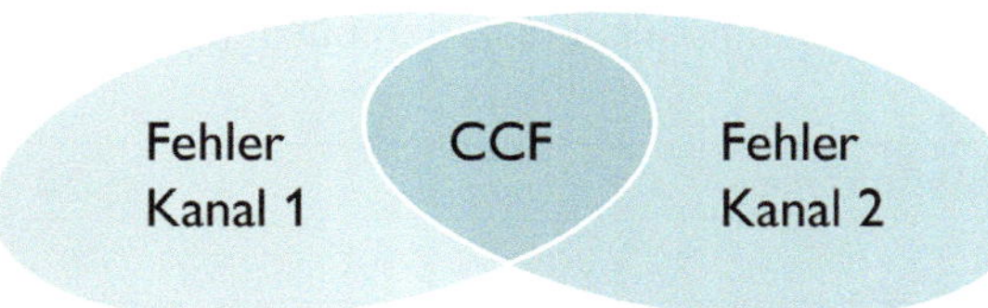

Bild 29: Fehler gemeinsamer Ursache in einem zweikanaligen System

Typische Ereignisse, die zu einem CCF führen können, sind z. B.:

- leitungs- oder nicht leitungsgebundene EMV-Störungen
- Umweltbedingungen wie erhöhte Temperatur, Feuchte, Schock und Vibration
- Überspannung, Überstrom, Überdruck
- konstruktions- oder produktionsbedingte Bauteilausfälle

Zur Bestimmung, ob hinreichende Maßnahmen zur Vermeidung oder Minimierung dieses Effekts getroffen wurden, enthält die Norm DIN EN ISO 13849-1 im Anhang F ein spezielles Bewertungsverfahren. Dieses vereinfachte Verfahren entspricht einem β-Faktor von 2 % nach IEC 61508-6.

Tabelle 12: Maßnahmen Common-Cause-Effekt

Nr.	Maßnahme	Punktezahl
1	**Trennung/Abtrennung**	15
	Physikalische Trennung zwischen den Signalpfaden, z. B.: – Trennung der Verdrahtung/Verrohrung – Erkennen von Kurzschlüssen und offenen Stromkreisen in Kabeln durch dynamische Prüfung – getrennte Abschirmung des Signalpfads jedes Kanals – ausreichende Luft- und Kriechstrecken auf gedruckten Schaltungen	
2	**Diversität**	20
	Unterschiedliche Technologien/Gestaltung oder physikalische Prinzipien werden verwendet, z. B.: – der erste Kanal elektronisch oder programmierbar elektronisch und der zweite Kanal elektromechanisch fest verdrahtet	

Nr.	Maßnahme	Punktezahl
	– unterschiedliche Initiierung der Sicherheitsfunktion für jeden Kanal (z. B. Position, Druck, Temperatur) und/oder digitale und analoge Messung von Variablen (z. B. Abstand, Druck oder Temperatur) und/oder Bauteile von unterschiedlichen Herstellern.	
3	**Entwurf/Anwendung/Erfahrung**	
	Schutz gegen Überspannung, Überdruck, Überstrom usw.	15
	Verwendung bewährter Bauteile	5
4	**Beurteilung/Analyse**	
	Für jedes Teil von sicherheitsbezogenen Teilen eines Steuerungssystems wurde eine Fehlermöglichkeits- und Einflussanalyse durchgeführt und deren Ergebnisse berücksichtigt, um Ausfälle infolge gemeinsamer Ursache bei der Gestaltung zu vermeiden.	5
5	**Kompetenz/Ausbildung**	
	Ausbildung der Konstrukteure, damit sie die Gründe und Auswirkungen von Ausfällen infolge gemeinsamer Ursache erkennen.	5
6	**Umgebung**	
	Für elektrische/elektronische Systeme: Verhindern von Verunreinigung und elektromagnetischen Störungen (EMV) zum Schutz vor Ausfällen infolge gemeinsamer Ursache entsprechend den einschlägigen Normen (z. B. IEC 61326-3-1) Fluidische Systeme: Filtrierung des Druckmediums, Verhinderung von Schmutzeintrag, Entwässerung von Druckluft, z. B. in Übereinstimmung mit den Anforderungen des Herstellers für die Reinheit des Druckmediums	25
	Andere Einflüsse Berücksichtigung der Anforderungen hinsichtlich Unempfindlichkeit gegenüber allen relevanten Umgebungsbedingungen wie Temperatur, Schock, Vibration, Feuchte (z. B. wie in den zutreffenden Normen festgelegt).	10

Hierbei müssen mindestens 65 Punkte erreicht werden. Wenn technische Maßnahmen nicht relevant sind, können die Punkte der rechten Spalte bei der ausführlichen Berechnung berücksichtigt werden.

Zur Konkretisierung der Anforderungen hinsichtlich „elektromagnetischer Störungen“ kann eine der vier nachfolgenden Methoden (Routen A–D) angewandt werden.

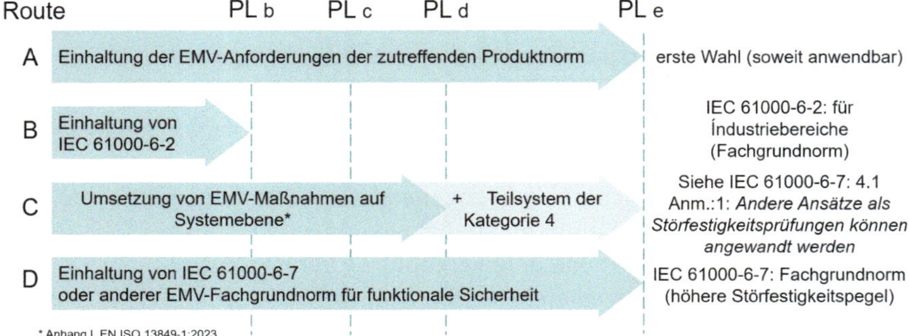

Bild 30: EMV-Maßnahmen **gemäß Routen A–D**

Soll die Route C angewendet werden, so ist eine gesonderte EMV-Bewertung auf Systemebene im Rahmen eines „Scorings“ durchzuführen (siehe DIN EN ISO 13849-1, Tabelle L.1).

Tabelle 13: Maßnahmen zum Erreichen der elektromagnetischen Störfestigkeit (Auszug aus DIN EN ISO 13849-1, Tabelle L.1)

Maßnahmen zum Erreichen der elektromagnetischen Störfestigkeit		**Punktzahl**
[...]	[...]	
Konstruktion, Programmierung, Ausbildung, Beobachtungen während des Einsatzes		
alle Bauteile erfüllen mindestens die Anforderungen der Fachgrundnormen bezüglich der elektromagnetischen Störfestigkeit wie IEC 61000-6-2 (angegeben in der Dokumentation des Herstellers) (hr)		30

Risikoanalyse hinsichtlich elektromagnetischer Störfestigkeit (siehe Beispiel in Tabelle L.2) und Risikobeurteilung mit einem Abschlussbericht	20
[...]	[...]

Hierbei muss eine Punktzahl von mindestens 280 (von möglichen 390 Punkten) für zweikanalige Teilsysteme (Kategorie 2, Kategorie 3 und Kategorie 4) bzw. 230 für einkanalige Teilsysteme (Kategorie B und Kategorie 1) erreicht werden; für PLr e kann Route C nur angewendet werden, wenn die Anforderungen der Kategorie 4 zusätzlich erfüllt werden.

5.6.6 Kategorien

Die Kategorien sind wesentlicher Bestandteil, um einen bestimmten PL zu erreichen. Zum einen werden mit den Kategorien die Struktureigenschaften des jeweiligen Teilsystems bestimmt. Die Kategorien beschreiben die wichtigsten vorgesehenen Architekturen aus dem Maschinenbau und sind aus der Vorläufernorm EN 954-1 übernommen worden. Jedoch gibt es in der DIN EN ISO 13849-1 einige Zusatzanforderungen, die sich aus den zuvor beschriebenen Parametern MTTF, DC und CCF ableiten. Auch wurden die Anforderungen zu grundlegenden und bewährten Sicherheitsprinzipien sowie zu bewährten Komponenten übernommen.

Insgesamt sind 4 + 1 Kategorien spezifiziert, die in Tabelle 14 zusammengefasst sind.

Tabelle 14: Übersicht Kategorieanforderungen

Kategorie	Zusammenfassung der Anforderungen	Systemverhalten	Prinzip zum Erreichen der Sicherheit	$MTTF_D$ jedes Kanals	DCavg	CCF
B	Sicherheitsrelevante Steuerungsteile und/oder ihre Schutzeinrichtungen sowie ihre Bauteile müssen in Übereinstimmung mit den zutreffenden Normen so gestaltet, gebaut, ausgewählt, zusammengebaut und kombiniert werden, dass sie den zu erwartenden Einflüssen standhalten können. Grundlegende Sicherheitsprinzipien müssen verwendet werden.	Das Auftreten eines Fehlers kann zum Verlust der Sicherheitsfunktion führen.	Überwiegend durch die Auswahl von Bauteilen charakterisiert.	niedrig bis mittel	keine	nicht relevant
1	Die Anforderungen von B müssen erfüllt sein. Bewährte Bauteile und bewährte Sicherheitsprinzipien müssen angewendet werden.	Das Auftreten eines Fehlers kann zum Verlust der Sicherheitsfunktion führen, aber die Wahrscheinlichkeit des Auftretens ist geringer als in Kategorie B.	Überwiegend durch die Auswahl von Bauteilen charakterisiert.	hoch	keine	nicht relevant
2	Die Anforderungen von B und die Verwendung bewährter Sicherheitsprinzipien müssen erfüllt sein. Die Sicherheitsfunktion muss in geeigneten Zeitabständen durch die Maschinensteuerung getestet werden.	Das Auftreten eines Fehlers kann zum Verlust der Sicherheitsfunktion zwischen den Tests führen. Der Verlust der Sicherheitsfunktion wird durch den Test erkannt.	Überwiegend durch die Struktur charakterisiert.	niedrig bis hoch	niedrig bis mittel	Min 65 %

Kategorie	Zusammenfassung der Anforderungen	Systemverhalten	Prinzip zum Erreichen der Sicherheit	MTTFD jedes Kanals	DCavg	CCF
3	Die Anforderungen von B und die Verwendung bewährter Sicherheitsprinzipien müssen erfüllt sein. Sicherheitsbezogene Teile müssen so gestaltet werden, dass – ein einzelner Fehler in jedem dieser Teile nicht zum Verlust der Sicherheitsfunktion führt, und – wenn immer in angemessener Weise durchführbar, der einzelne Fehler erkannt wird.	Wenn ein einzelner Fehler auftritt, bleibt die Sicherheitsfunktion immer erhalten. Einige, aber nicht alle Fehler werden erkannt. Eine Anhäufung von unerkannten Fehlern kann zum Verlust der Sicherheitsfunktion führen.	Überwiegend durch die Struktur charakterisiert.	niedrig bis hoch	niedrig bis mittel	Min 65 %
4	Die Anforderungen von B und die Verwendung bewährter Sicherheitsprinzipien müssen erfüllt sein. Sicherheitsbezogene Teile müssen so gestaltet werden, dass: – ein einzelner Fehler in jedem dieser Teile nicht zum Verlust der Sicherheitsfunktion führt, und – der einzelne Fehler bei oder vor der nächsten Anforderung der Sicherheitsfunktion erkannt wird. Wenn diese Erkennung nicht möglich ist, darf eine Anhäufung von unerkannten Fehlern nicht zum Verlust der Sicherheitsfunktion führen.	Wenn ein einzelner Fehler auftritt, bleibt die Sicherheitsfunktion immer erhalten. Die Erkennung von Fehleranhäufungen reduziert die Wahrscheinlichkeit des Verlustes der Sicherheitsfunktion (hohe DC). Die Fehler werden rechtzeitig erkannt, um einen Verlust der Sicherheitsfunktion zu verhindern.	Überwiegend durch die Struktur charakterisiert.	hoch	hoch	Min 65 %

Zur besseren Erläuterung sollten für jede Kategorie die vorgesehenen Architekturen dargestellt werden. Die Darstellungen entsprechen nicht notwendigerweise einem Schaltplan, sondern sind vielmehr dazu gedacht, ein logisches Abbild darzustellen. Insbesondere bei den Kategorien 3 und 4 ist eine Zweikanaligkeit nicht zwingend vorgeschrieben. Stattdessen können redundante Mittel bereitstehen, um die Grundanforderung zur Ein-Fehler-Sicherheit zu erreichen.

Kategorie B

Die sicherheitsrelevanten Steuerungsteile müssen in Übereinstimmung mit den zutreffenden Normen mindestens so gestaltet, gebaut, ausgewählt, zusammengestellt und kombiniert sein und bei Anwendung grundlegender Sicherheitsprinzipien für die bestimmte Anwendung Folgendem standhalten:

- den zu erwartenden Betriebsbeanspruchungen, z. B. der Zuverlässigkeit bezüglich des Schaltvermögens und der Schalthäufigkeit
- dem Einfluss des bearbeiteten Materials, z. B. dem Reinigungsmittel in einer Waschmaschine
- anderen relevanten äußeren Einflüssen, z. B. mechanischen Schwingungen, elektromagnetischen Störungen, Unterbrechungen oder Störungen der Energieversorgung

In Systemen der Kategorie B gibt es keinen Diagnosedeckungsgrad (DC_{avg} = kein) und die $MTTF_D$ jedes Kanals kann niedrig bis mittel sein. In solchen Strukturen (üblicherweise einkanalige Systeme) ist die Betrachtung von CCF nicht relevant. Der maximale PL, der mit Kategorie B erreicht werden kann, ist PL = b.

Legende
i_m Verbindungsmittel
I Eingabeeinheit, z. B. Sensor
L Logik
O Ausgabeeinheit, z. B. Hauptschütz

Bild 31: Prinzipdarstellung Kategorie B

Besondere Anforderungen an die elektromagnetische Verträglichkeit sind in den entsprechenden Produktnormen, z. B. DIN EN IEC 61800-3 über Antriebssysteme, zu finden. Besonders für die funktionale Sicherheit der SRP/CS sind die Anforderungen an die Störfestigkeit wichtig. Wenn keine Produktnorm vorhanden ist, sollten zumindest die Anforderungen der IEC 61000-6-2 an die Störfestigkeit befolgt werden.

Kategorie 1

Für Kategorie 1 müssen die gleichen Anforderungen erfüllt sein wie für Kategorie B.

Zusätzlich gilt Folgendes: Sicherheitsrelevante Steuerungsteile der Kategorie 1 müssen unter Verwendung bewährter Bauteile sowie bewährter Sicherheitsprinzipien gestaltet und gebaut werden (siehe DIN EN ISO 13849-2).

Es ist wichtig, dass eine klare Unterscheidung zwischen einem bewährten Bauteil und einem Fehlerausschluss gemacht wird. Die Voraussetzung, dass ein Bauteil bewährt ist, hängt von seiner Anwendung ab. Die Prinzipdarstellung entspricht Bild 31.

Ein Fehlerausschluss kann zu einem sehr hohen PL führen, aber die getroffenen geeigneten Maßnahmen, die den Fehlerausschluss erlauben, sollten während der gesamten Lebensdauer des Bauteils gelten. Um dies sicherzustellen, können zusätzliche Maßnahmen außerhalb der Steuerung notwendig sein.

Kategorie 2

Für Kategorie 2 müssen die gleichen Anforderungen erfüllt sein wie für Kategorie B.

Bewährte Sicherheitsprinzipien müssen ebenfalls berücksichtigt werden.

Zusätzlich gilt Folgendes: Sicherheitsrelevante Steuerungsteile der Kategorie 2 müssen so gestaltet werden, dass ihre Funktionen in angemessenen Zeitabständen durch die Maschinensteuerung getestet werden. Der Test der Sicherheitsfunktion(en) muss durchgeführt werden:

- beim Anlauf der Maschine und
- vor dem Einleiten einer Gefährdungssituation, z. B. Start eines neuen Zyklus, Start anderer Bewegungen und/oder periodisch während des Betriebs, wenn die Risikobeurteilung und die Betriebsart zeigen, dass dies notwendig ist.

Die Einleitung dieses Tests kann automatisch erfolgen. Jeder Test der Sicherheitsfunktion(en) muss entweder

- den Betrieb zulassen, wenn keine Fehler erkannt wurden, oder
- einen Ausgang für die Einleitung geeigneter Steuerungsmaßnahmen erzeugen, wenn ein Fehler erkannt wurde.

Wenn immer möglich, muss dieser Ausgang einen sicheren Zustand einleiten. Dieser sichere Zustand muss aufrechterhalten bleiben, bis der Fehler behoben ist. Wenn die Einleitung eines sicheren Zustands nicht möglich ist (z. B. durch Verschweißen des Kontakts eines Schaltglieds), muss der Ausgang die Warnung vor der Gefährdung bereitstellen. Ausnahme: Für Sicherheitsfunktionen mit einem PL_r d muss der Ausgang einen sicheren Zustand einleiten, der bis zur Behebung des Fehlers beibehalten wird. Eine Warnung ist in diesem Fall nicht mehr ausreichend.

Für die gezeigte vorgesehene Architektur der Kategorie 2 berücksichtigt die Berechnung der $MTTF_D$ und des DC_{avg} nur die Blöcke des Funktionskanals (d. h. I, L und O) und nicht die Blöcke des Testkanals (d. h. TE und OTE).

Der Diagnosedeckungsgrad (DC_{avg}) einschließlich der Fehlererkennung muss mindestens „niedrig“ sein. Für Kategorie 2 ist die $MTTF_D$ des gesamten Testkanals größer als die Hälfte der $MTTF_D$ des gesamten Funktionskanals.

Der Test darf selbst nicht zu einer Gefährdungssituation führen (z. B. aufgrund eines Erhöhens der Ansprechzeit). Die Testeinrichtung darf als Bestandteil des sicherheitsbezogenen Teils, das die Sicherheitsfunktion ausführt, oder getrennt davon vorgesehen sein.

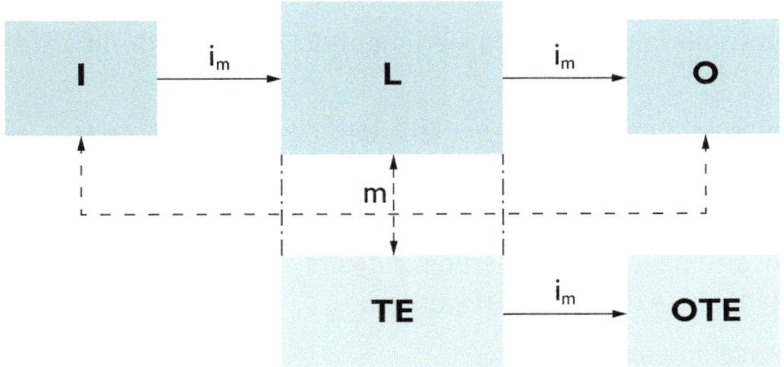

Legende

i_m Verbindungsmittel
I Eingabeeinheit, z. B. Sensor
L Logik
m Überwachung
O Ausgabeeinheit, z. B. Hauptschütz
TE Testeinrichtung
OTE Ausgang der TE

Bild 32: Prinzipdarstellung Kategorie 2

Der maximale PL, der mit Kategorie 2 erreicht werden kann, ist PL = d. In einigen Fällen ist die Kategorie 2 nicht anwendbar, da der Test der Sicherheitsfunktionen nicht bei allen Bauteilen durchgeführt werden kann.

Die Anforderungsrate muss dabei ≤ 1/100 der Testrate sein; alternativ kann die Prüfung unmittelbar nach Anforderung der Sicherheitsfunktion erfolgen (siehe auch 8.16). Die Gesamtzeit zum Erkennen des Ausfalls und Überführen der Maschine in einen nicht gefahrbringenden Zustand (in der Regel wird die Maschine angehalten) muss dabei kürzer sein als die Zeit, die anfällt, um eine Gefährdung zu erreichen (siehe auch DIN EN ISO 13855).

Kategorie 3

Für Kategorie 3 müssen die gleichen Anforderungen erfüllt sein wie für Kategorie B.

Bewährte Sicherheitsprinzipien müssen ebenfalls berücksichtigt werden. Zusätzlich gilt Folgendes: Sicherheitsrelevante Steuerungsteile der Kategorie 3 müssen so gestaltet werden, dass ein einzelner Fehler in einem dieser Teile nicht zum Verlust der Sicherheitsfunktion führt. Wenn immer in angemessener Weise durchführbar, muss ein einzelner Fehler bei oder vor der nächsten Anforderung der Sicherheitsfunktion erkannt werden.

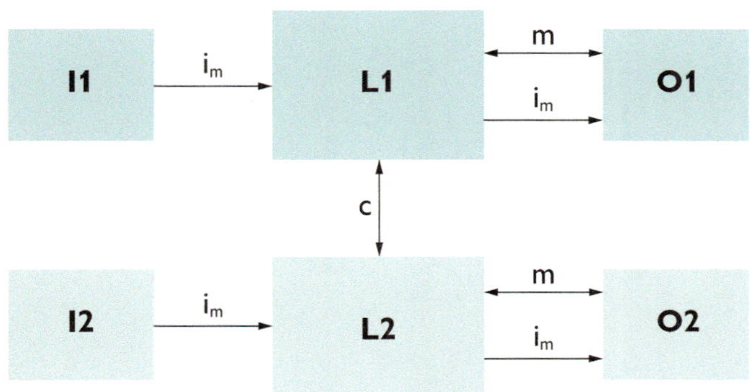

Legende

i_m Verbindungsmittel
c Kreuzvergleich
I1, I2 Eingabeeinheit, z. B. Sensor
L1, L2 Logik
m Überwachung
O1, O2 Ausgabeeinheit, z. B. Hauptschütz

Bild 33: Prinzipdarstellung Kategorie 3

Der Diagnosedeckungsgrad (DC_{avg}) einschließlich der Fehlererkennung muss mindestens „niedrig“ sein. Die $MTTF_D$ jedes redundanten Kanals muss, abhängig vom PL_r, niedrig bis hoch sein. Maßnahmen gegen CCF müssen angewendet werden.

Kategorie 4

Für Kategorie 4 müssen die gleichen Anforderungen erfüllt sein wie für Kategorie B. Bewährte Sicherheitsprinzipien müssen ebenfalls berücksichtigt werden. Zusätzlich gilt Folgendes. Sicherheitsrelevante Steuerungsteile der Kategorie 4 müssen so gestaltet werden, dass

- ein einzelner Fehler in jedem dieser sicherheitsbezogenen Teile nicht zum Verlust der Sicherheitsfunktion führt und
- der einzelne Fehler bei oder vor der nächsten Anforderung der Sicherheitsfunktion erkannt wird, z.B. unmittelbar beim Einschalten oder am Ende eines Maschinenzyklus. Wenn diese Erkennung nicht möglich ist, dann darf die Anhäufung von unerkannten Fehlern nicht zum Verlust der Sicherheitsfunktion führen.

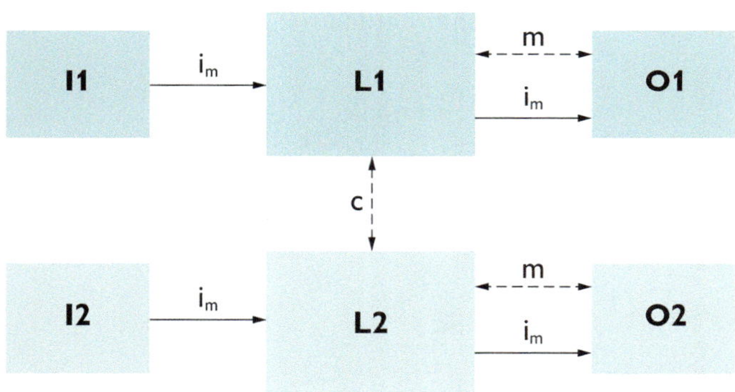

Legende

i_m Verbindungsmittel
c Kreuzvergleich
I1, I2 Eingabeeinheit, z.B. Sensor
L1, L2 Logik
m Überwachung
O1, O2 Ausgabeeinheit, z.B. Hauptschütz

Bild 34: Prinzipdarstellung Kategorie 4

Der Diagnosedeckungsgrad (DC_{avg}) muss einschließlich der Anhäufung von Fehlern „hoch“ (99%) sein. Die $MTTF_D$ jedes redundanten Kanals muss „hoch“ sein. Maßnahmen gegen CCF müssen angewendet werden.

In der Praxis kann die Betrachtung einer Fehlerkombination aus zwei Fehlern ausreichend sein. Basierend auf einem Analysenverfahren wie FMEA brauchen unerkannte Ausfälle mit einer sehr geringen Wahrscheinlichkeit nicht bei der Fehleranhäufung berücksichtigt werden, wenn dies dokumentiert und verifiziert wird.

5.6.7 Bestimmung des PL für ein Teilsystem

Nachdem alle sicherheitsrelevanten Kennwerte ermittelt worden sind, ist für jedes Teilsystem der erreichte PL zu bestimmen. Unter Berücksichtigung von Kategorie, DC_{avg}, $MTTF_D$ lässt sich anhand der nachstehenden Grafik der entsprechende PL bestimmen.

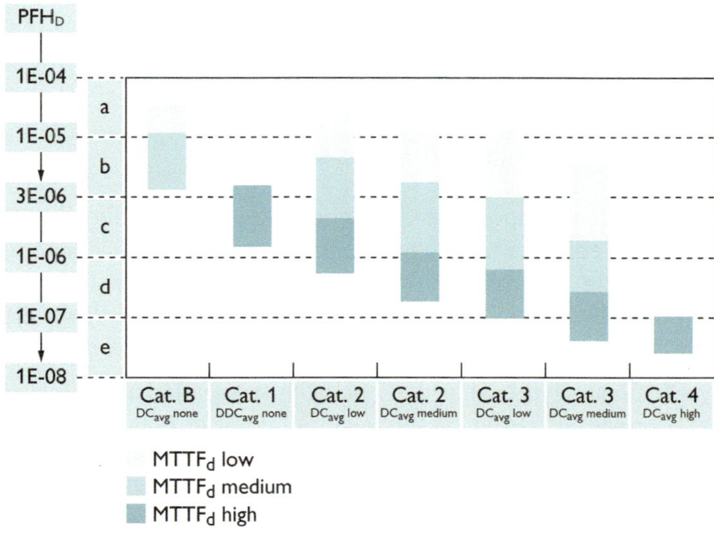

Bild 35: Zusammenhang zwischen Kategorie, DC, MTTF und PL

Ein wichtiger weiterer Parameter ist die Angabe des PFH_D-Wertes, welcher die statistische Restfehlerwahrscheinlichkeit in der Einheit 1/h beschreibt. Hat beispielsweise ein Teilsystem einen PFH_D-Wert von $1 \cdot 10^{-06}$, so bedeutet dies statistisch gesehen, dass ein gefährlicher Ausfall in 1 Mio. ($1 \cdot 10^{6}$) Stunden auftritt.

Zur detaillierten Bestimmung des PFH_D-Wertes bietet die DIN EN ISO 13849-1 im Anhang K, eine tabellarische Auflistung mit Zwischenstufen der Parameter, die hinreichend genaue Werte liefert.

Tabelle 15: Auszug aus DIN EN ISO 13849-1, Tabelle K.1

	Durchschnittliche Wahrscheinlichkeit eines gefährlichen Ausfalls je Stunde (1/h) und der zugehörige Pervormance Level (PL)													
$MTTF_d$ für jeden Kanal **Jahre**	Kat.B DC_{avg} = **kein**	**PL**	Kat.1 DC_{avg} = **kein**	**PL**	Kat.2 DC_{avg} = **niedrig**	**PL**	Kat.2 DC_{avg} = **mittel**	**PL**	Kat.3 DC_{avg} = **niedrig**	**PL**	Kat.3 DC_{avg} = **mittel**	**PL**	Kat.4 DC_{avg} = **hoch**	**PL**
18	$6{,}34 \times 10^{-6}$	b			$3{,}68 \times 10^{-6}$	b	$2{,}37 \times 10^{-6}$	c	$1{,}41 \times 10^{-6}$	d	$5{,}67 \times 10^{-7}$	d		
20	$5{,}71 \times 10^{-6}$	b			$3{,}26 \times 10^{-6}$	b	$2{,}06 \times 10^{-6}$	c	$1{,}22 \times 10^{-6}$	d	$4{,}85 \times 10^{-7}$	d		
22	$5{,}19 \times 10^{-6}$	b			$2{,}93 \times 10^{-6}$	c	$1{,}82 \times 10^{-6}$	c	$1{,}07 \times 10^{-6}$	c	$4{,}21 \times 10^{-7}$	c		
24	$4{,}76 \times 10^{-6}$	b			$2{,}65 \times 10^{-6}$	c	$1{,}62 \times 10^{-6}$	c	$9{,}47 \times 10^{-7}$	d	$3{,}70 \times 10^{-7}$	d		
27	$4{,}23 \times 10^{-6}$	b			$2{,}32 \times 10^{-6}$	c	$1{,}39 \times 10^{-6}$	c	$8{,}04 \times 10^{-7}$	d	$3{,}10 \times 10^{-7}$	d		
30			$3{,}80 \times 10^{-6}$	b	$2{,}06 \times 10^{-6}$	c	$1{,}21 \times 10^{-6}$	c	$6{,}94 \times 10^{-7}$	d	$2{,}65 \times 10^{-7}$	d	$9{,}54 \times 10^{-6}$	e
33			$3{,}46 \times 10^{-6}$	b	$1{,}85 \times 10^{-6}$	c	$1{,}06 \times 10^{-6}$	c	$5{,}94 \times 10^{-6}$	d	$2{,}30 \times 10^{-7}$	d	$8{,}57 \times 10^{-6}$	e

Für Komponenten mit entsprechenden internen Überwachungsmaßnahmen, wie z. B. Sicherheitsrelais, Sicherheits-SPSen oder Lichtgitter, kann die zuvor beschriebene Ermittlung der Kenngrößen entfallen, da dies im Rahmen der Validierung durch den Hersteller bereits erfolgt ist und entsprechend dokumentiert wurde.

5.6.8 Gerätetypen gemäß VDMA 66413

In der Praxis werden Komponenten für sicherheitsrelevante Teile von Steuerungen aus unterschiedlichen Technologien und von unterschiedlicher Komplexität eingesetzt. Um die Erwartung an Komponentenhersteller hinsichtlich der Art der sicherheitsrelevanten Kennwerte zu standardisieren und damit die Handhabung für den Anwender zu erleichtern, werden vier Gerätetypen definiert:

Gerätetyp 1: Dieser Typ besitzt den höchsten Integrationsgrad. Typisch sind bereits entworfene Sicherheitssysteme mit integrierter Diagnosefunktion. Der SIL oder PL dieses Typs wird je nach Verwendungszweck eingestuft. Die Einstufung wird vom Gerätehersteller vorgenommen. Geräte dieses Typs werden in Übereinstimmung mit Sicherheitsnormen (z. B. der Normenreihe IEC 61508) entwickelt. Beispiele sind Sicherheitslichtgitter, Bauteile von sicherheitsbezogenen Steuerungen, Antriebe mit integrierten Sicherheitsfunktionen oder Sicherheitsrelais.

Gerätetyp 2: Es werden ergänzende Anwendungsdaten (Struktur des Schaltkreises, DC und Betrachtung von CCF) vom Benutzer benötigt, um die Sicherheitsfunktion zu beurteilen. Geräte dieses Typs werden nicht zwingend in Übereinstimmung mit einer Sicherheitsnorm entwickelt; dadurch wird jedoch die Anwendung nach diesemDokument nicht ausgeschlossen. Beispiele sind Operationsverstärker, Näherungsschalter, Drucksensoren oder Hydraulikventile.

Gerätetyp 3: Diese Geräte sind Bauteile mit einer Ausfallart, die von den Betriebszyklen abhängig ist. Ergänzende Anwendungsdaten (Anzahl der Bedienungen, Anzahl der Aktivierungen, Schaltungsstruktur, DC und Betrachtung von CCF) werden vom Benutzer benötigt, um eine Sicherheitsfunktion zu beurteilen. Geräte dieses Typs werden nicht zwingend in Übereinstimmung mit einer Sicherheitsnorm entwickelt; dadurch wird jedoch die Anwendung nach diesem Dokument nicht ausgeschlossen. Beispiele sind elektromechanische Bauteile, die Verschleiß unterliegen, z. B. Leistungsschütze, Schalter, Pneumatikventile oder auch Verriegelungseinrichtungen.

Gerätetyp 4: Dieser Gerätetyp ist ein Sonderfall von Gerätetyp 1. Für Bauteile dieses Typs gilt entweder, dass ein Fehlerausschluss angenommen werden kann, oder, dass ein Fehler immer zu einem sicheren Zustand führt. Dementsprechend ist der PFH-Wert = 0.

Tabelle 16: Sicherheitstechnische Kennwerte gemäß Gerätetypeinstufung

<table>
<tr><th>Sicherheits-relevanter Kennwert</th><th colspan="4">Gerätetyp</th></tr>
<tr><td></td><td>1</td><td>2</td><td>3</td><td>4</td></tr>
<tr><td>PL</td><td>X</td><td></td><td></td><td></td></tr>
<tr><td>SIL</td><td>X</td><td></td><td></td><td></td></tr>
<tr><td>PFH</td><td>X</td><td></td><td></td><td></td></tr>
<tr><td>Kategorie</td><td>X</td><td>x</td><td>x</td><td></td></tr>
<tr><td>$MTTF_D$</td><td></td><td rowspan="4">x (einer der Werte ist erforderlich)</td><td></td><td></td></tr>
<tr><td>λ_D</td><td></td><td></td><td></td></tr>
<tr><td>MTTF</td><td></td><td></td><td></td></tr>
<tr><td>MTBF</td><td></td><td></td><td></td></tr>
<tr><td>B_{10D}</td><td></td><td></td><td rowspan="2">x (einer der Werte ist erforderlich)</td><td></td></tr>
<tr><td>B_{10}</td><td></td><td></td><td></td></tr>
</table>

RDF		optional		
$T10_D$		x		x
T_M	X			

Weitere Informationen finden sich im VDMA-Einheitsdatenblatt 66413, das ein neutrales Datenformat sicherheitsrelevanter Kennwerte beschreibt. Auf dieser Basis lassen sich Tools oder Assistenten zu Validierungs- oder Dokumentationszwecken entwickeln. Eines der wichtigsten verfügbaren Tools in diesem Zusammenhang ist der Software-Assistent „SISTEMA“ zur Bewertung von sicherheitsbezogenen Maschinensteuerungen nach DIN EN ISO 13849 des Instituts für Arbeitsschutz der Deutschen Gesetzlichen Unfallversicherung (IFA). Insbesondere die Möglichkeit, Herstellerbibliotheken auf Basis VDMA 66413 einzubinden, erleichtert die Entwicklung und Validierung von sicherheitsrelevanten Steuerungsteilen für den Maschinenhersteller.

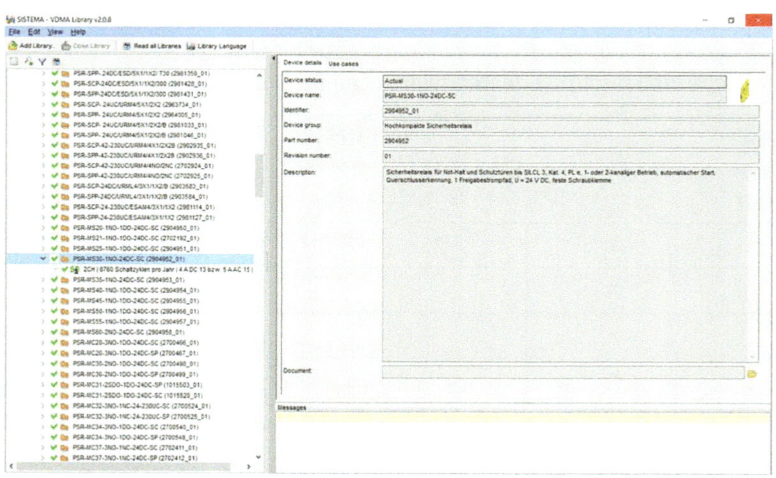

Bild 36: Beispiel einer Herstellerbibliothek in SISTEMA

5.6.9 Wenn die Zuverlässigkeitskennwerte fehlen

Wenn für mechanische, hydraulische oder pneumatische Bauteile (oder Bauteile, die eine Mischung von Technologien enthalten) für ein Ein- oder Ausgangsteilsystem (!) des sicherheitsrelevanten Steuerungsteils keine anwendungsspezifischen Zuverlässigkeitsdaten vorhanden sind, darf der Hersteller der Maschine die quantifizierbaren Aspekte der PL ohne eine $MTTF_D$-Rechnung abschätzen.

In diesen Fällen wird der Performance Level (PL) durch die Architektur, die Diagnose und die Maßnahmen gegen Common-Cause-Fehler (CCF) spezifiziert.

Für diesen Ausnahmefall kann Tabelle 17 zur Bestimmung des PFH sowie des PL herangezogen werden.

Tabelle 17: Ersatzkennwerte bei fehlenden Herstellerangaben

	PFH	Kat. B	Kat. 1	Kat. 2	Kat. 3	Kat. 4
PL b	$5 \cdot 10^{-6}$	X	–	–	–	–
PL c	$1{,}7 \cdot 10^{-6}$	–	X	–	–	–
PL d	$2{,}9 \cdot 10^{-7}$	–	–	–	X	–
PL e	$4{,}7 \cdot 10^{-8}$	–	–	–	–	X
Für PL c, d und e dürfen nur bewährte Bauteile verwendet werden. Alle weiteren Anforderungen für die jeweilige Kategorie müssen erfüllt sein.						

Demnach kann PL d mit Kat. 3 erreicht werden, wenn bewährte Bauteile und bewährte Sicherheitsprinzipien benutzt werden. PL e kann mit Kat. 4 implementiert werden, wenn bewährte Bauteile und bewährte Sicherheitsprinzipien benutzt werden. Zur Ermittlung der DC_{avg} bei Kategorien 2, 3 und 4 kann wegen fehlender $MTTF_D$-Werte nicht auf die Formel der Norm zurückgegriffen werden. Daher darf der DC_{avg} als arithmetischer Mittelwert der Einzel-DCs aller Komponenten in den Funktionskanälen des Ausgangsteils gebildet werden.

Für Logik-Systeme kann sinngemäß ein ähnlicher – konservativer – Ansatz unter Anwendung einer geschätzten $MTTF_D$ angewandt werden. Hierbei gilt für die Kategorien B, 2 und 3 eine $MTTF_D$ von zehn Jahren für jeden Kanal. Für Kategorie 1 kann eine $MTTF_D$ des Kanals von 30 Jahren angenommen werden, da bewährte Bauteile anzuwenden sind. Der maximal erreichbare PL ist hierbei PL c. Für Kategorie 2 und Kategorie 3 müssen Ausfälle infolge gemeinsamer Ursache und der DC betrachtet werden. Der DC_{avg} muss mindestens 60 % für Kategorie 2 und Kategorie 3 betragen. Achtung: Kategorie ist mit diesem Verfahren nicht möglich.

5.7 Bestimmung des PL für die gesamte Sicherheitsfunktion

Nachdem die Kennwerte für jedes Teilsystem festgelegt sind, wird zunächst der PFH_{gesamt} aus der Summe der Einzel-PFH-Werte bestimmt.

Es gilt die nachfolgende Gleichung:

$$PFH_{ges} = \sum PFH_i = PFH_{Teilsystem\,1} + PFH_{Teilsystem\,2} + PFH_{Teilsystem\,3} + \ldots + PFH_{Teilsystem\,i}$$

Die je nach Risikohöhe gestaffelten Performance Level a bis e sind direkt an PFH-Werte gekoppelt, die es je Sicherheitsfunktion zu erreichen gilt.

Tabelle 18: Zusammenhang zwischen PFH und PL

Performance Level	PFH
a	$\geq 10^{-5}$ bis $< 10^{-4}$
b	$\geq 3 \cdot 10^{-6}$ bis $< 10^{-5}$
c	$\geq 10^{-6}$ bis $< 3 \cdot 10^{-6}$
d	$\geq 10^{-7}$ bis $< 10^{-6}$
e	$\geq 10^{-8}$ bis $< 10^{-7}$

Dies bedeutet, dass der PFH_{gesamt} immer größer bzw. „schlechter“ ist als der „schlechteste“ Einzelwert. Insbesondere bei Sicherheitsbauteilen mit integrierten Überwachungsfunktionen kann es zu dem Phänomen kommen, dass der vom Hersteller angegebene PL geringer ist, als es die Bestimmungen gemäß Tabelle 18 zulassen. Dies hängt häufig mit zusätzlichen systematischen Einschränkungen zusammen: So haben beispielsweise Laserscanner gemäß Typ 3 (DIN EN 61496-3) prinzipbedingt ein eingeschränktes Detektionsvermögen, welches sich in strukturellen Einschränkungen im technischen Datenblatt des Herstellers niederschlägt.

Daraus folgt, dass zur Festlegung des erreichten PL zwei Bedingungen erfüllt sein müssen:

a) Der PFH_{gesamt} resultiert aus der Summe der Einzelwerte gemäß Tabelle 18.

b) Das Teilsystem mit dem geringsten PL limitiert den maximal erreichbaren PL.

5.8 Ist erreichter PL mindestens dem erforderlichen PL_r?

Im letzten Schritt muss der erreichte PL dem PL_r gegenübergestellt werden. Sollte das Ergebnis ein zu „geringer“ PL sein, kann der Konstrukteur verschiedene Maßnahmen einleiten, um das Ergebnis zu verbessern. Zu diesem Zweck muss er den Einfluss der einzelnen Parameter prüfen. Die Erfahrung zeigt, dass die Auswahl der Kategorie das Ergebnis wesentlich bestimmt. An zweiter Stelle steht der Diagnosedeckungsgrad, also das Maß, mit dem gefährliche Fehler vom System detektiert werden. In einigen Fällen kann aber auch eine „ungeschickte“ Zusammenstellung der Teilsysteme die Ursache sein. Es gilt der Grundsatz: Je mehr Teilsysteme eine Sicherheitsfunktion beinhalten, desto schlechter wird auch das Gesamtergebnis im Hinblick auf den PFH-Wert sein.

6 Verifikation und Validierung

Die Begriffe „Verifikation“ und „Validierung“ stehen häufig im Zusammenhang und werden daher auch als „V&V-Aktivitäten“ bezeichnet. Aber worin besteht der Unterschied? Vereinfacht gesagt, könnte man es so ausdrücken:

Bauen wir das richtige Produkt? ⇢ Validierung

Bauen wir das Produkt richtig? ⇢ Verifikation

Der Validierungsprozess muss zeigen, dass die spezifizierten Sicherheitsfunktionen unter Berücksichtigung der normativen Anforderungen geeignet sind, den erforderlichen Beitrag zur Risikoreduzierung zu leisten. Je nach Komplexitätsgrad erfolgt die Validierung entweder bei wichtigen Meilensteinen oder spätestens am Ende des kompletten Entwicklungsprozesses.

Die Verifizierung dagegen stellt sicher, dass ein technisches System einschließlich aller Teile und Schnittstellen konform gemäß den jeweiligen Vorgaben umgesetzt worden ist.

Die V&V-Aktivitäten stellen also qualitätssichernde Maßnahmen dar, um Fehler, die während der Realisierung entstehen können, zu vermeiden.

Sowohl die DIN EN ISO 13849 als auch die EN IEC 62061 fordern eine strukturierte Vorgehensweise beim Ermitteln und anschließenden Umsetzen der Sicherheitsfunktionen, den man als Sicherheitslebenszyklus bezeichnet (Bild 37). Er beschreibt die einzelnen Phasen sowie die jeweils auszuführenden Schritte, mit denen die funktionale Sicherheit erreicht werden kann.

Im ersten Schritt sollten die Zuständigkeiten sowie die Vorgehensweise im Rahmen einer Sicherheitsplanung festgelegt werden. So ist sämtlichen Projektbeteiligten klar, wer für welche Aufgaben verantwortlich ist und wie die funktionale Sicherheit erlangt werden soll. Dieses Dokument enthält darüber hinaus Hinweise zum Ablauf der Verifikation sowie deren Betriebs- und Umgebungsbedingungen sowie schlussendlich Maßnahmen zur Vermeidung fehlerhafter Spezifikationen.

Sind Risikobeurteilung und Sicherheitsplanung abgeschlossen, folgt die Spezifikationsphase, in der alle technischen Schutzmaßnahmen beschrieben werden. Sofern die konstruktiven Mittel nicht ausreichen, detailliert ein Pflichtenheft die technischen Maßnahmen, um eine Gefährdung zu vermeiden. Die anschließende Validierungsplanung sollte von Personen durchgeführt werden, die vom Entwurf der sicherheitsrelevanten Steuerungsteile unabhängig sind. Die Validierung muss insbesondere belegen, dass das Steuerungssystem die festgelegten funktionalen Anforderungen der Sicherheitsfunktionen, wie in der

Spezifikation dargelegt, erfüllt. Darüber hinaus müssen die Anforderungen des festgelegten PL, einschließlich der Anforderungen der festgelegten Kategorie, sowie Maßnahmen zur Beherrschung und Vermeidung systematischer Ausfälle nachgewiesen werden.

Der Maschinenbauer setzt die Sicherheitsfunktionen auf Grundlage der Spezifikation um. Darunter fallen sowohl der Schaltschrank- und Maschinenbau als auch die Programmierung innerhalb einer konfigurier- oder programmierbaren Sicherheitssteuerung. Alle aufgeführten Punkte werden im Verifikationsplan festgehalten. Dabei sollte man die Software-Aspekte nicht außer Acht lassen. Es erweist sich also als sinnvoll, dass die Verifikationsphase einen detaillierten Test des Sicherheitsprogramms enthält. Ist die Verifikation abgeschlossen, kann die Maschine in den Probebetrieb und damit in die Validierungsphase überführt werden. Anhand des im Vorfeld erstellten Validierungsplans sind dabei die einzelnen Sicherheitsfunktionen zu testen und in ein Logbuch einzutragen.

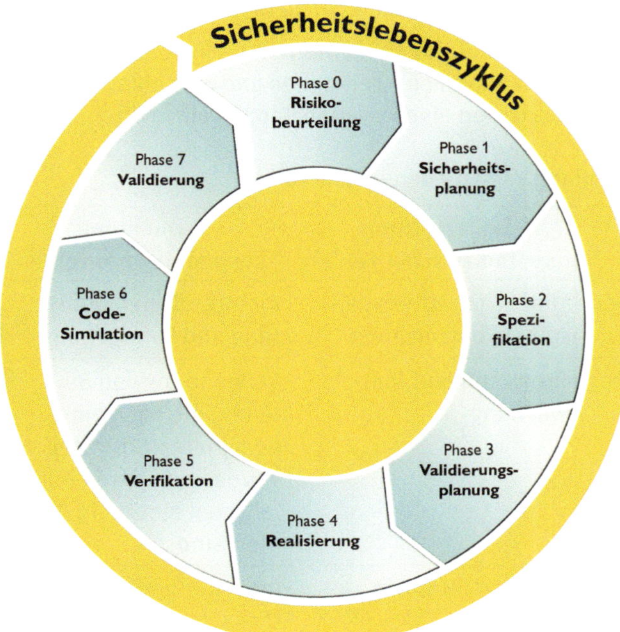

Bild 37: Sicherheitslebenszyklus

6.1 Zufällige und systematische Fehler

Ein kritischer Systemfehler kann verschiedene Ursachen haben: So können beispielsweise infolge von Spannungsschwankungen an einer SPS sicherheitsgerichtete Befehle nicht mehr ordnungsgemäß ausgeführt werden. Aber auch durch eine fehlerhafte Konstruktion oder falsche Auslegung (z. B. durch Unterdimensionierung von Relaiskontakten) kann es zu Ausfällen in sicherheitsrelevanten Steuerungsteilen kommen. Insbesondere beim Einsatz von Software wächst mit der Komplexität auch die Wahrscheinlichkeit eines Ausfalls durch fehlerhafte Programmierung. Man spricht hierbei von Fehlern mit „systematischer Ursache".

Es kann jedoch auch bei korrekter Auswahl von Bauteilen im Rahmen der zu erwartenden Gebrauchsdauer zu kritischen Ausfällen kommen (z. B. als Folge von Bauteilverschleiß). Solche Fehler werden als „zufällige Fehler" bezeichnet.

Je nach Ursache eines Fehlers gibt es prinzipiell verschiedene Möglichkeiten, die Auswirkungen eines Fehlers zu begrenzen oder zu minimieren:

Ziel bei der **Beherrschung von zufälligen Fehlern** ist, sicherheitskritische Bauteilfehler durch geeignete Maßnahmen zu erkennen und eine entsprechende Fehlerreaktion (z. B. durch Abschalten eines zweiten Kanals) einzuleiten.

Tabelle 19: Gegenüberstellung verschiedener Fehlerarten

Beherrschung zufälliger Fehler	Beherrschung systematischer Fehler	Vermeidung systematischer Fehler
Stellungsüberwachung von Ventilen	Unter- bzw. Überspannungsüberwachung	Richtige Dimensionierung und Formgebung
Verwendung von zwangsgeführten Relaiskontakten	Programmlaufüberwachung	Verwendung von Bauteilen, die nach einer geeigneten Norm gebaut wurden und deren Ausfallarten eindeutig definiert sind
Plausibilitätsvergleich zwischen zwei Mikrocontrollern	Ruhestromprinzip	Inspektionen, Walkthrough, Review, Projektmanagement
Quer-/Kurzschlusserkennung	Überdimensionierung von Bauteilen	Simulationen und Funktionsprüfungen

6.2 Fehlerannahmen und Fehlerausschlüsse

Eine Grundforderung der Kategorien 3 bzw. 4 besagt, dass ein einzelner Fehler nicht zu einem Verlust der Sicherheitsfunktion führen darf. Aber mit welchen Fehlern in sicherheitsrelevanten Steuerungsteilen muss ein Konstrukteur rechnen? Hier leistet die DIN EN ISO 13849, Teil 2, Hilfestellung. Ein Fehlerausschluss ist immer ein Kompromiss zwischen den technischen Sicherheitsanforderungen und der theoretischen Möglichkeit des Auftretens eines Fehlers und muss unter allen erwarteten Umgebungsbedingungen wie Temperatur, Druck, Vibration, Verschmutzung und korrosive Atmosphäre begründet werden können. Die Annahme für einen Fehlerausschluss kann dabei von der technischen Unwahrscheinlichkeit des Auftretens einiger Fehler begründet sein. Auch die allgemein anerkannten technischen Erfahrungen sowie die technischen Anforderungen bezüglich der Anwendung und spezifischen Gefährdung können eine Rolle spielen. Es gilt jedoch, zu beachten, dass die Erreichung des PL e nicht allein auf Fehlerausschluss beruhen darf.

Tabelle 20 zeigt beispielhaft, wie für elektromechanische Relais oder Schütze Fehlerannahmen und -ausschlüsse durchgeführt werden. Entsprechend kann auch für andere Komponenten und Technologien vorgegangen werden. Aus der Tabelle 20 sowie den Kategorieanforderungen aus Kapitel 5.6.6 ergibt sich z.B., dass ein einzelnes Relais oder Schütz zur Abschaltung gefahrbringender Bewegungen für Kategorie 3 nicht ausreichend ist. Es muss vielmehr ein zweiter unabhängiger Abschaltpfad vorgesehen werden.

Tabelle 20: Fehlerannahmen und Fehlerausschlüsse für elektromechanische Komponenten

Schalter – Elektromechanische Einrichtungen (z. B. Relais, Schütze)		
Betrachteter Fehler	**Fehlerausschluss**	**Bemerkungen**
Alle Kontakte bleiben unter Spannung, wenn die Spule abgeschaltet ist (z. B. durch einen mechanischen Fehler)	Nein	–
Alle Kontakte bleiben abgeschaltet, wenn Energie ansteht (z. B. durch einen mechanischen Fehler, Unterbrechung der Spule)	Nein	–
Nichtöffnen von Kontakten	Nein	–
Nichtschließen von Kontakten	Nein	–
Gleichzeitiger Kurzschluss zwischen den drei Klemmen eines Wechselkontakts	Gleichzeitiger Kurzschluss kann ausgeschlossen werden, wenn die Bemerkungen zutreffen.	Kriech- und Luftstrecken werden mindestens nach IEC 60664-1 mit mindestens Verschmutzungsgrad 2/Überspannungskategorie III bemessen. Leitfähige Teile, die sich lösen, können die Isolation zwischen den Kontakten und der Spule nicht überbrücken.
Kurzschluss zwischen zwei Kontakten untereinander und/oder zwischen Kontakten und Wicklung	Kurzschluss kann ausgeschlossen werden, wenn die Bemerkungen zutreffen.	
Gleichzeitiges Geschlossensein üblicherweise offener und üblicherweise geschlossener Kontakte	Gleichzeitiges Geschlossensein der Kontakte kann ausgeschlossen werden, wenn die Bemerkung zutrifft.	Es werden zwangsläufig betätigte (oder mechanisch verbundene) Kontakte angewendet (siehe IEC 60947-5-1).

6.3 Fehlermöglichkeits- und Auswirkungsanalyse

Um die Einhaltung der Kategorien (siehe Kapitel 5.6.6) zu überprüfen, bietet sich eine Fehlermöglichkeits- und Auswirkungsanalyse (FMEA) an. Durch dieses Instrument lässt sich der strukturierte Nachweis erbringen, dass z. B. Steuerkreise entweder so aufgebaut sind, dass ein einzelner Fehler nicht zum Verlust der Sicherheitsfunktion führt, oder aber notwendige Tests und Überwachungsfunktionen aufweisen. Im Allgemeinen muss der erste Fehler zusammen mit allen Folgefehlern als ein Einzelfehler berücksichtigt werden, wenn infolge eines Fehlers weitere Bauteile ausfallen. Das gleichzeitige Auftreten von zwei oder mehr Fehlern mit unterschiedlichen Ursachen wird als höchst unwahrscheinlich angesehen und braucht deswegen nicht betrachtet werden.

Die nachfolgende Grundschaltung zeigt ein Sicherheitsrelais mit zwei unabhängigen Hilfsschützen K1 und K2, deren zwangsgeführte Öffnerkontakte in den Startkreis des Sicherheitsrelais eingebunden sind. Bei jedem Öffnen der Schutztür wird über den Startkreis somit die korrekte Funktionalität der Hilfsschütze überprüft.

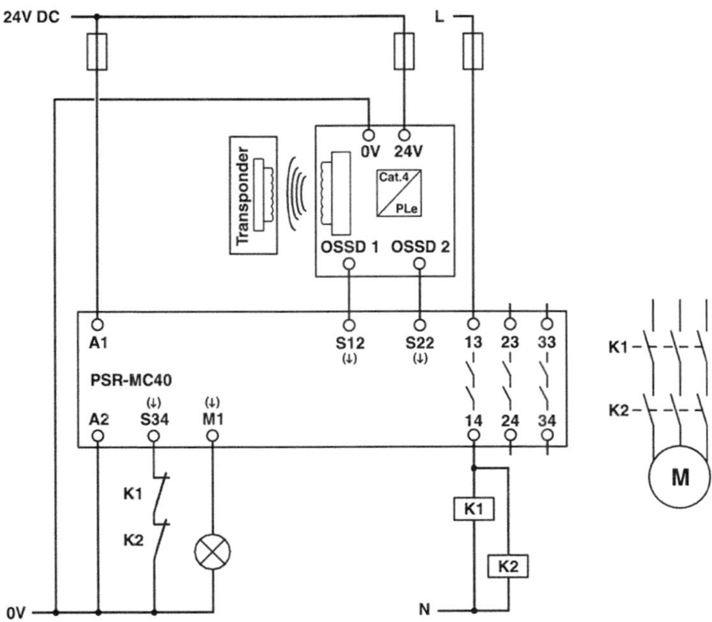

Bild 38: Sicherheitsrelais mit externer Kontaktrückführung

Nachdem die sicherheitsrelevanten Bauteile identifiziert worden sind, kann die Schaltungsanalyse gemäß Tabelle 21 durchgeführt werden. Für jedes Bauteil wird zunächst untersucht, welche Fehler angenommen werden müssen oder ob bestimmte Fehler ausgeschlossen werden können (siehe Kapitel 6.2). Im weiteren Verlauf wird untersucht, ob der einzelne Fehler durch entsprechende Maßnahmen erkannt wird, und falls ja, welche Reaktion zu erwarten ist. Zur Überprüfung dieser Reaktion kann in der FMEA gleich der Hinweis für einen Fault-Insertion-Test (FIT) gegeben werden, um die spätere Überprüfung zu vereinfachen.

Tabelle 21: Beispiel einer FMEA

Bauteil	Möglicher Ausfall	Fehler-erkennung	Wirkung/ Reaktion	Prüfung zur Bestätigung
Hilfsschütz K1	Der Kontakt öffnet sich nicht, wenn die Schutzeinrichtung geöffnet wird (elektrischer Fehler, z. B. verschweißte Kontakte).	Ein Fehler wird durch Rückführung des zwangsgeführten K1-Rückmeldekontakts auf das Sicherheitsrelais PSR erkannt, wenn die Sicherheitsfunktion angefordert wird.	Der Elektromotor M wird vom Sicherheitsrelais sofort über Hilfsschütz K2 abgeschaltet, wenn die Schutzeinrichtung geöffnet wird. Der Wiederanlauf wird verhindert.	Der K1-Kontakt wird in der EIN-Stellung gehalten, wenn die Schutzeinrichtung geöffnet wird.
Hilfsschütz K2	Der Kontakt öffnet sich nicht, wenn die Schutzeinrichtung geöffnet wird (elektrischer Fehler, z. B. verschweißte Kontakte).	Ein Fehler wird durch Rückführung des zwangsgeführten K2-Rückmeldekontakts auf das Sicherheitsrelais PSR erkannt, wenn die Sicherheitsfunktion angefordert wird.	Der Elektromotor M wird vom Sicherheitsrelais sofort über Hilfsschütz K1 abgeschaltet, wenn die Schutzeinrichtung geöffnet wird. Der Wiederanlauf wird verhindert.	Der K2-Kontakt wird in der EIN-Stellung gehalten, wenn die Schutzeinrichtung geöffnet wird.

6.4 Sicherheitsrelevante Software und V-Modell

In den Anfängen der Automatisierungstechnik waren sicherheitsrelevante Stromkreise ausschließlich festverdrahtet, d.h. sie bestanden i.d.R. aus diskreten Komponenten wie Schütz oder Relais. Der Vorteil lag auf der Hand: Man konnte das Fehlerverhalten eindeutig definieren, die Maßnahmen zur Fehlererkennung konnten auch mit einfachen Mitteln umgesetzt werden. Mit den zunehmend komplexeren Anforderungen an die Steuerungstechnik hielten aber auch Sicherheitssteuerungen mehr und mehr Einzug in Automatisierungslösungen.

Neben den Anforderungen, die sich an die Hardware richten (Beherrschung zufälliger und systematischer Fehler), finden sich in der DIN EN ISO 13849-1 auch Grundsätze, wie mit sicherheitsrelevanter Software zu verfahren ist.

Ein wichtiges Hilfsmittel zum Erhalt verständlicher und testbarer Software stellt dabei das V-Modell dar. Wie bei der Hardware- ist auch bei der Softwarevalidierung die Spezifikation der Sicherheitsfunktion der Ausgangspunkt für alle weiteren Aktivitäten. Hieraus leiten sich zunächst softwarespezifische Anforderungen ab. Alle Tätigkeiten des Softwarelebenszyklus unterliegen jeweils einer Verifikationsschleife, bevor am Ende die finale Validierung im Hinblick auf die Spezifikation erfolgt.

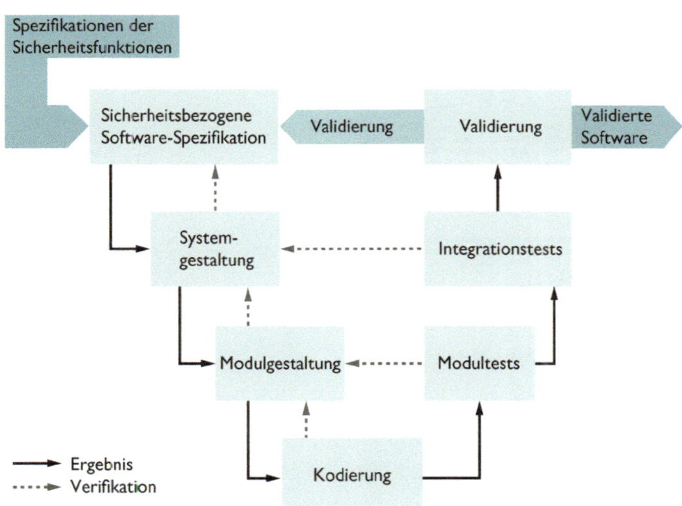

Bild 39: Vereinfachtes V-Modell des Softwarelebenszyklus

Eine Vereinfachungsmöglichkeit ergibt sich, wenn bei der Programmierung anstatt sogenannter Full Variability Languages (FVL) lediglich Limited Variability Languages (LVL) verwendet werden. FVL mit nicht eingeschränktem Sprachumfang sind beispielsweise Ada, C, Pascal, Anweisungsliste, Assembler-Sprachen, C++, Java, MATLAB, Simulink, ST sowie SQL.

Demgegenüber sind LVL Programmiersprachen, deren Notation textuell bzw. graphisch ist und die damit leichter verständlich für den Anwender sind. Beispiele sind u. a. Kontaktplan (KOP), Funktionsbausteinsprache (FBS) oder auch boolesche Algebra.

Der nachfolgende Entscheidungsbaum erleichtert die Einstufung zwischen Programmiersprache mit eingeschränktem Sprachumfang (LVL) und Programmiersprachen mit nicht eingeschränktem Sprachumfang (FVL).

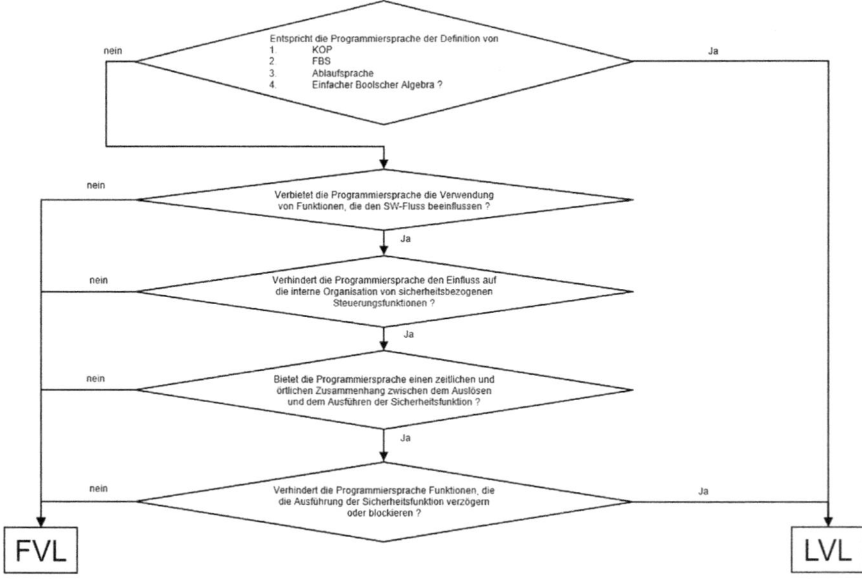

Bild 40: Entscheidungsbaum: FVL oder LVL?

Ermöglicht die Bewertung des Entscheidungsbaums eine Einstufung als LVL-Software, kann ein vereinfachtes V-Modell angewendet werden.

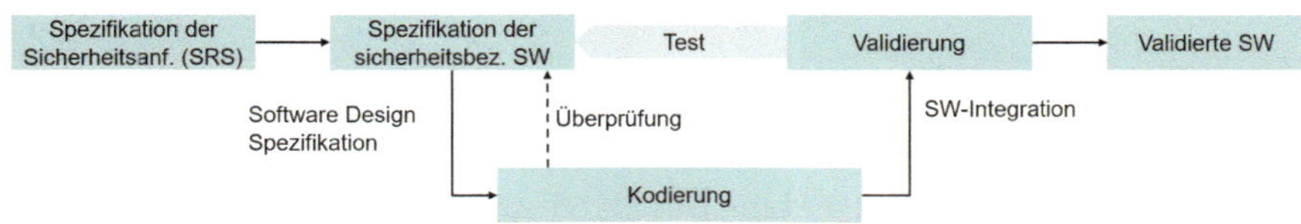

Bild 41: Vereinfachtes V-Modell für LVL-Software

Wesentlicher Aspekt bei der funktionalen Sicherheit von Software ist die Vermeidung systematischer Fehler. Art und Umfang der Validierungsmaßnahmen hängen im Wesentlichen von der Art der Software sowie dem erforderlichen PL ab. Es wird zwischen „Basismaßnahmen", die unabhängig vom PL gelten, und „zusätzlichen Maßnahmen" unterschieden. Auch bei der Auswahl der Maßnahmen ist die Unterscheidung zwischen FVL und LVL wichtig.

6.4.1 Sicherheitsrelevante Embedded-Software

Software für Embedded-Systeme (SRESW) (deutsch: Software für eingebettete Systeme) unterscheidet sich von Anwendungsprogrammen, die auf Arbeitsplatzrechnern (wie PCs) und von Anwendern bedient werden. Embedded-Software muss etwa in einer Maschinensteuerung Sensoren überwachen und Motoren ein- und ausschalten. Bei der Entwicklung von sicherheitsrelevanter Embedded-Software sollen die nachfolgenden in Abhängigkeit vom erforderlichen PL gestuften Maßnahmenbündel umgesetzt werden.

Tabelle 22: Maßnahmen für sicherheitsrelevante Embedded-Software

	PL a/b	PL c/d	PL e
Basismaßnahmen			
Software-Sicherheitslebenszyklus gemäß V-Modell	x	x	x
Dokumentation der Spezifikation und des Entwurfs	x	x	x
modulare und strukturierte Entwicklung und Codierung	x	x	x
Beherrschung von systematischen Ausfällen	x	x	x
Verifikation der korrekten Implementierung bei Verwendung softwarebasierter Maßnahmen zur Beherrschung von zufälligen Hardware-Ausfällen	x	x	x
funktionale Tests, z. B. Blackbox-Tests	x	x	x
Änderungsmanagement	x	x	x

	PL a/b	PL c/d	PL e
Zusätzliche Maßnahmen			
Projektmanagement- und Qualitätsmanagementsystem vergleichbar mit z. B. der Reihe DIN EN 61508 oder der DIN EN ISO 9001		x	x
Dokumentation aller relevanter Aktivitäten während des Sicherheitslebenszyklus der Software		x	x
Konfigurationsmanagement, um alle Konfigurationsmerkmale und Dokumente mit Bezug zu einer SRESW-Freigabe festzustellen		x	x
strukturierte Spezifikation mit Sicherheitsanforderungen und Entwicklung		x	x
Verwendung geeigneter Programmiersprachen und rechnergestützter Werkzeuge mit Betriebsbewährung		x	x
modulare und strukturierte Programmierung, Abgrenzung in nicht sicherheitsbezogene Software, beschränkte Modulgröße mit vollständig definierten Schnittstellen, Verwendung von Entwurfs- und Codierungsrichtlinien		x	x
Verifikation des Codes durch ein Walkthrough Review (Überprüfung) mit einer Kontrollflussanalyse		x	x
erweiterte Funktionstests, z. B. Grey-Box-Tests, Leistungstests oder Simulation		x	x
Einflussanalyse und angemessene Software-Sicherheitslebenszyklus-Aktivitäten nach Änderungen		x	x
Diversität in Spezifikation, Entwurf und Codierung alternativ DIN EN 61508-3, Kapitel 7 [SIL 3]			x

In der Praxis werden in Maschinenapplikationen auch Standardkomponenten eingesetzt, bei denen der Hersteller die zuvor genannten Anforderungen nicht bestätigt und dies bei der Integration durch den Maschinenhersteller nicht nachträglich geleistet werden kann. Daher ist in diesem Fall der spezielle Nachweis der SRESW unter den nachfolgenden Bedingungen nicht erforderlich:

- Sicherheitsrelevante Steuerungsteile sind auf PL a oder PL b begrenzt und verwenden Kategorie B, 2 oder 3 oder
- sicherheitsrelevante Steuerungsteile sind auf PL c oder PL d begrenzt und dürfen mehrere Bauteile für zwei Kanäle in Kategorie 2 oder 3 verwenden. Die Bauteile dieser beiden Kanäle verwenden diversitäre Technologien, die dazu führen, dass die Wahrscheinlichkeit eines gefährlichen Ausfalls durch einen Fehler in der SRESW stark verringert wird.

6.4.2 Sicherheitsrelevante Applikations-Software

Anwendungssoftware sind Programme, die genutzt werden, um eine nützliche oder gewünschte – nicht systemtechnische – Funktionalität zu bearbeiten oder zu unterstützen. In vielen Fällen wird sicherheitsrelevante Applikations-Software (SRASW) durch graphische Eingabemöglichkeiten (Toolbox, Drag&Drop etc.) unterstützt. SRASW geschrieben in LVL kann einen PL a bis PL e erzielen. Wichtig: Wenn SRASW in FVL geschrieben ist, müssen die Anforderungen an SRESW erfüllt sein, damit PL a bis PL e erzielt werden können.

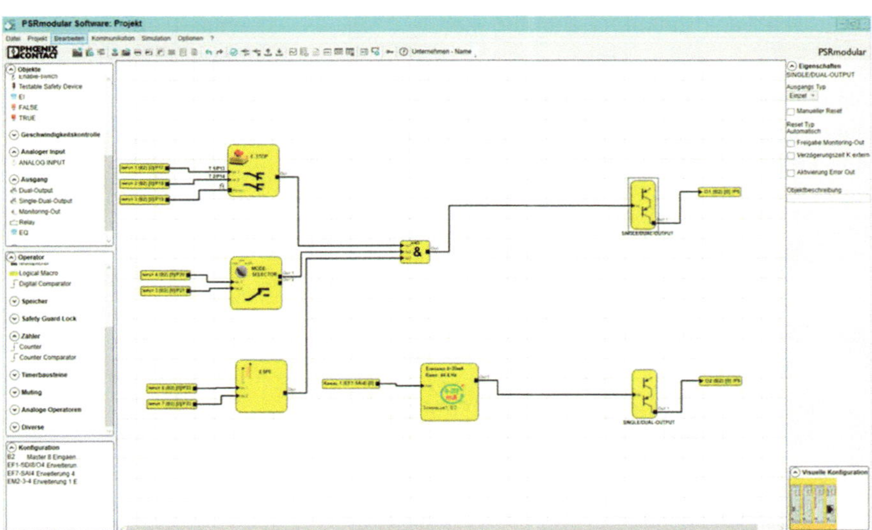

Bild 42: Beispiel für sicherheitsrelevante Applikations-Software

Bei der Verwendung von SRASW sollen die nachfolgenden Maßnahmenbündel, gestaltet in Abhängigkeit des PL, umgesetzt werden.

Tabelle 23: Maßnahmen für sicherheitsrelevante Applikations-Software

	PL a/b	PL c	PL d	PL e
Basismaßnahmen				
Entwicklungslebenszyklus gemäß V-Modell	x	x	x	x
Dokumentation der Spezifikation und des Entwurfs	x	x	x	x
modulare und strukturierte Programmierung	x	x	x	x
funktionale Tests	x	x	x	x
Änderungsmanagement	x	x	x	x
Zusätzliche Maßnahmen				
Überprüfen der Spezifikation der sicherheitsbezogenen Software		x	x	x
Geeignete Werkzeuge mit Betriebsbewährung zum Erkennen systematischer Fehler		x	x	x[a]
validierte Funktionsblock-Bibliotheken	—	empfohlen	empfohlen	x
Verwenden von Programmiersprachen mit begrenztem Sprachumfang gemäß DIN EN 61131-3 (FBS, KOP)		x	x	x
Softwareentwurf ⇢ Zustandsdiagramm oder Programmflussdiagramm ⇢ Funktionsblöcke mit minimierter Codelänge ⇢ Verwenden validierter sicherheitsbezogener Funktionsblock-Bibliotheken ⇢ Zuordnen des Sicherheitsausgangs zu nur einem Programmteil ⇢ Funktionsblöcke mit minimierter Codelänge ⇢ Verwenden des Architekturmodells: Eingänge Verarbeitung Ausgänge (z. B. PLCopen) ⇢ defensives Programmieren ⇢ Detektion externer Ausfälle		x	x	x

	PL a/b	PL c	PL d	PL e
Bei Kombination von SRASW und nichtsicherheitsrelevanter Software: ⇢ Codieren in unterschiedlichen Funktionsblöcken, ⇢ kein Verknüpfen durch logisches ODER, dessen Ausgang sicherheitsbezogene Signale steuert		x	x	x
Softwareimplementierung/Codierung: ⇢ Code muss lesbar, verständlich und testbar sein ⇢ Verwenden von symbolischen Variablen (anstelle expliziter Hardwareadressen) ⇢ Verwendung von Programmierrichtlinien ⇢ Datenintegritäts- und Plausibilitätsprüfungen ⇢ Test durch Simulation	–	x	x	x
Verifikation durch Kontroll- und Datenflussanalyse	–	–	x	x
Blackbox-Test	–	x	x	x
Testfallausführung als Grenzwertanalyse	–	–	x	x
Testplanung	–	x	x	x
I/O-Tests	–	x	x	x
Dokumentation, z. B. Codedokumentation, innerhalb des Quelltextes, Funktions- und I/O-Beschreibung, Versionieren und ausreichendes Kommentieren		x	x	x
Verifikation, z. B. Überprüfung, Inspektion, Walkthrough	–	x	x	x
Konfigurationsmanagement		x	x	x
Änderungsmanagement mit Einflussanalyse		x	x	x

a In Übereinstimmung mit relevanten Sicherheitsnormen z. B. DIN EN 61131-3 bzw. DIN EN 61508.

6.4.3 Softwarebasiertes Parametrieren

Ziel der softwarebasierten manuellen Parametrierung ist es, sicherzustellen, dass die sicherheitsbezogenen Parameter, die für eine Sicherheitsfunktion oder eine Teilfunktion festgelegt sind, ordnungsgemäß in die Hardware übermittelt werden, welche die Sicherheitsfunktion bzw. die Teilfunktion ausführt. Mithilfe verschiedener Verfahren können solche Parameter festgelegt werden, wie Parametrierung mit DIP-Schaltern oder entsprechende Software für die Parametrierung (allgemein als Konfigurations- oder Parametrierungswerkzeug bezeichnet).

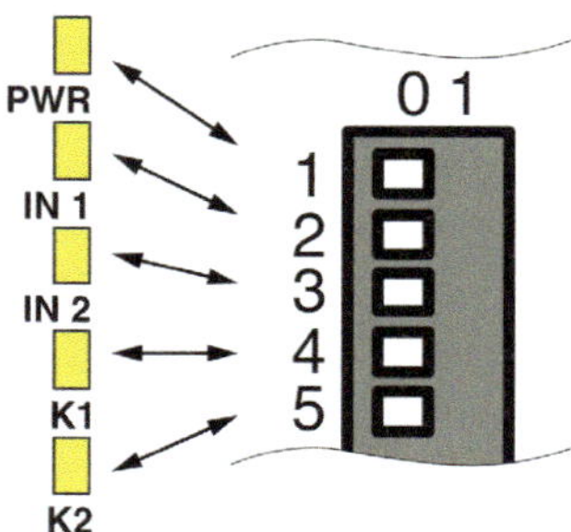

Bild 43: Parametrierung eines Sicherheitsschaltgeräts mit DIP-Schaltern

Die Anforderungen an softwarebasiertes Parametrieren werden im Gegensatz zu SRASW und SRESW nicht in ihrer Wirksamkeit unterschieden, sondern gelten grundsätzlich für alle PL gleichermaßen. Bei den Maßnahmen wird von manueller, softwarebasierter Parametrierung ausgegangen, die von einer befugten Person durchgeführt und kontrolliert wird. Schutzmaßnahmen gegen unbefugten Zugriff müssen dabei aktiviert und angewendet werden. Die Erst-Parametrierung sowie anschließende Änderungen an der Parametrierung müssen dokumentiert werden.

Systembedingt müssen daher folgende fehlerbeherrschenden Maßnahmen vorgesehen werden:

- Kontrolle des Bereichs gültiger Eingaben
- Beherrschung von Datenverfälschungen vor der Datenübertragung
- Beherrschung der Auswirkungen von Abweichungen beim Prozess der Parameterübertragung
- Beherrschung der Auswirkungen beim Übertragen unvollständiger Parameter
- Beherrschung der Auswirkungen von Fehlern und Ausfällen der Hardware und Software des Werkzeugs, das für die Parametrisierung verwendet wird

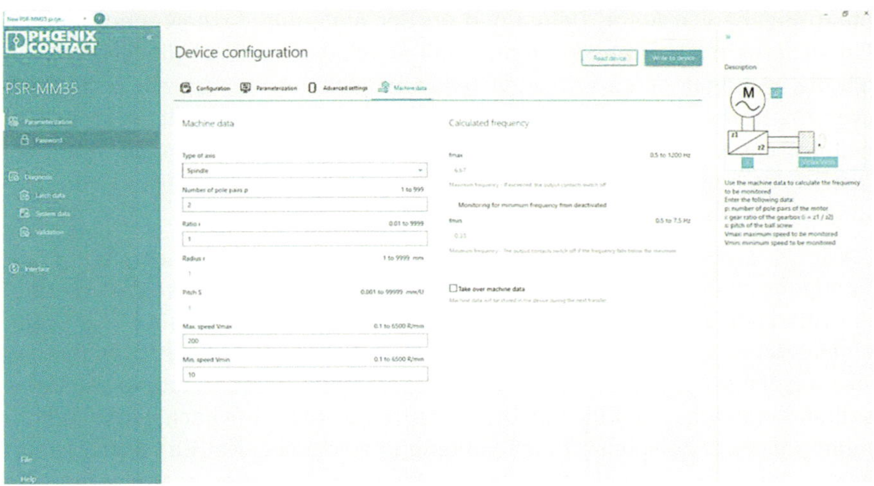

Bild 44: Beispiel für softwarebasiertes Parametrieren

Das System muss eine hinreichende Verifikation der eingegebenen Parameter erlauben. Dies ist von besonderer Wichtigkeit, wenn das Parametrieren mit einem Gerät ausgeführt wird, das nicht speziell für diesen Zweck vorgesehen ist (z. B. PC, Notebook).

Zu den Aktivitäten zählen insbesondere:

- Verifikation der korrekten Einstellung für jeden sicherheitsbezogenen Parameter (Minimum-, Maximum- und repräsentative Werte)
- Verifikation, dass die sicherheitsbezogenen Parameter auf Plausibilität überprüft werden, z. B. durch Eingabe ungültiger Werte
- Verifikation, dass unbefugte Modifikation von sicherheitsbezogenen Parametern nicht möglich ist
- Verifikation, dass die Daten/Signale eines Parametrierens so erzeugt und verarbeitet werden, dass Fehler nicht zu einem Verlust der Sicherheitsfunktion führen können.

6.4.4 Beispiele für Programmierregeln

Programmierregeln für sicherheitsrelevante Systeme sollen die Wahrscheinlichkeit systematischer Fehler minimieren. Hierzu muss es möglich sein, die Softwareversion zu identifizieren (z. B. über eine zyklische Redundanzprüfung, englisch „cyclic redundancy check“, kurz CRC). Änderungen sollten unter Angabe von Autor, Datum und Art der Änderung dokumentiert werden. Ein sicherheitsrelevantes Programm soll in Teilabschnitte gegliedert werden, um die wichtigen entsprechenden Teile zu kennzeichnen, die zu „Eingaben“, „Verarbeitungen“ und „Ausgaben“ gehören. Darüber hinaus sollte die Möglichkeit bestehen, Kommentare zu erstellen, die in jedem Programmabschnitt des Quellcodes angezeigt werden sollten, um eine Aktualisierung der Kommentierung im Fall einer Änderung zu erleichtern.

SW-Tools stellen typischerweise eine Funktionsbausteinbeschreibung zur Verfügung. Wo möglich sollten daher Funktionsbausteine verwendet werden, die vom Lieferanten des Sicherheitssystems validiert worden sind. Die Größe eines solchen codierten Funktionsbausteins sollte höchstens acht digitale bzw. vier Ausgänge ermöglichen. Die Eingabeparameter eines Funktionsbausteins sollten automatisch auf Plausibilität überprüft werden. Die nachstehende Konfiguration zeigt beispielhaft eine Verknüpfung von zwei Not-Halt-Signalen mit gemeinsamer manueller Rückstelleinrichtung. Das Freigabesignal wird über die Variable („E-Stop global“) an die weiteren Funktionseinheiten übergeben.

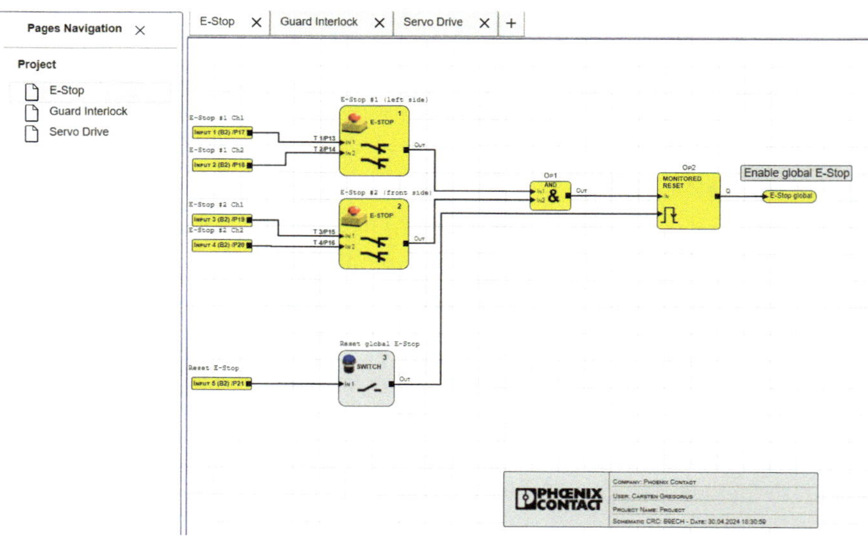

Bild 45: Beispielhafte Umsetzung einer sicherheitsrelevanten Konfiguration

7 Funktionale Sicherheit und Security

Security-Aspekte können einen Einfluss auf Sicherheitsfunktionen haben. So muss insbesondere gewährleistet sein, dass sicherheitsrelevante Automatisierungssysteme nach einem Cyber-Angriff weiterhin in der Lage sein müssen, die zugewiesenen Sicherheitsfunktionen auszuführen. Der Anwendungsbereich der DIN EN ISO 13849-1 stellt jedoch keine expliziten Anforderungen im Hinblick auf Security. Stattdessen wird auf einschlägige IEC bzw. ISO-Dokumente verwiesen, und zwar ISO/TR 22100-4 und IEC/TR 63074. Eine Norm zur Konkretisierung von Cybersecurity-Anforderungen für Maschinen mit dem Ziel der Harmonisierung unter der kommenden Maschinenverordnung ist in Planung (prEN 50742).

8 Häufig gestellte Fragen

8.1 Testeinrichtungen bei Kategorie 2

Frage 1

Welche Art von Testeinrichtungen kann/sollte zum Testen von sicherheitsrelevanten Steuerungsteilen verwendet werden (Line-Monitoring, SPS etc.)?

Antwort 1

Das Prinzip der Testung wird explizit bei der Kategorie 2 gefordert. Häufig werden hierzu elektronische Systeme eingesetzt, mit denen eine Dynamisierung von Signalen möglich ist. In einigen Fällen können dies Standard-SPS-Systeme sein, die nicht integraler Bestandteil des Hauptkanals sind. Sind SPS-Systeme jedoch als Teilsystem direkt an der Ausführung der Sicherheitsfunktion beteiligt, so sind mindestens Anforderungen der Kategorie 2 anzusetzen. Mit einer entsprechenden Testung lässt sich ein DC von bis zu 90 % erreichen.

8.2 EMV-Maßnahmen bei CCF

Frage 2

Sind EMV-Messungen erforderlich, um die 25 Punkte bei der CCF-Bewertung zu erreichen?

Antwort 2

Zum Erreichen dieser Anforderungen sind nicht zwingend EMV-Messungen erforderlich. Sicherheitsbauteile sind im Rahmen einer Baumusterprüfung jedoch erhöhten EMV-Anforderungen unterzogen worden. Unter Berücksichtigung der jeweiligen Installationsbedingungen des Herstellers kann man davon ausgehen, dass die Anforderungen hinsichtlich EMV eingehalten werden. Kritischer ist der Einsatz von Standardkomponenten zu bewerten, deren bestimmungsgemäßer Einsatz von Seiten des Bauteilherstellers nicht im Sinne der funktionalen Sicherheit besteht. Hier hängt eine Bewertung von der eingesetzten Technologie ab. Der Einsatz verschiedener Technologien und Komponenten ist empfehlenswert (siehe Bild 30).

8.3 Muting als Sicherheitsfunktion

Frage 3

Wie sollten die Sicherheitsfunktionen zur Absicherung einer Gefahrstelle, die aus einem Lichtgitter in Verbindung mit einer Mutingfunktion besteht, spezifiziert werden?

Antwort 3

Mutingfunktionen sind gemäß DIN EN ISO 13849 eigenständige Sicherheitsfunktionen und können daher von der eigentlichen Sicherheitsfunktion (z. B. Schutzfeldunterbrechung bei Lichtgittern) getrennt spezifiziert werden. Aus sicherheitstechnischer Sicht spricht nichts gegen eine Worst-Case-Betrachtung, d. h. eine Kombination von Schutzfunktion und Mutingfunktion.

8.4 Bedingungen zur Ermittlung von MTTF-Kennwerten

Frage 4

Die Ermittlung von MTTF-Kennwerten erfolgt häufig unter Bedingungen, die nicht den späteren Einsatzbedingungen entsprechen. Welchen Sinn machen solche Angaben?

Antwort 4

Die Angabe von Zuverlässigkeitswerten sollte zunächst einmal den spezifizierten Einsatzbereich abdecken. Insbesondere betrifft dies Temperatur- und andere Umweltbedingungen. Nicht immer lassen sich exakte Herstellerangaben ermitteln. Aus diesem Grund sollten in solchen Fällen die Zuverlässigkeitsangaben mit Sicherheitsabschlägen versehen werden. Darüber hinaus ist durch das Anwenden der vorgesehenen Architekturen (Kategorien) sichergestellt, dass insbesondere PL d bzw. PL e nicht allein durch „gute“ MTTF-Werte erreicht wird. Allenfalls bei Applikationen mit relativ geringem Risiko (PL a und PL b) kann es in Grenzbereichen zu Fehleinschätzungen kommen, die jedoch ein geringes Restrisiko erscheinen lassen.

8.5 Mehrheitsentscheider in 2oo3-Struktur

Frage 5

Wie geht man in der DIN EN ISO 13849 mit 2oo3-Strukturen (2-out-of-3-Strukturen) um, die häufig als „Mehrheitsentscheider" verwendet werden?

Antwort 5

Aufgrund der vorgesehenen Architekturen lassen sich 2oo3-Strukturen nicht exakt abbilden. Jedoch können solche Mehrheitsentscheider i. d. R. als 1-fehlersichere Strukturen aufgefasst werden, so dass die Anforderungen der Kategorie 3 bzw. 4 erfüllt werden. Sicherheitstechnisch kann jedoch kein zusätzlicher Credit aus dem 3. Kanal gezogen werden. Handelt es sich um inhomogene Kanäle mit unterschiedlichen MTTF, so sollten nur die beiden „schlechteren" Kanäle in die Betrachtung einbezogen werden. Der gleiche Ansatz kann sinngemäß auch bei mehrkanaligen Strukturen wie z. B. 1oo3 angewendet werden. Alternativ können zwei Kanäle in einem Zwischenschritt vorher zusammengefasst und als einzelner Block in einem Kanal dargestellt werden.

8.6 Abschätzung des DC

Frage 6

Die im Anhang der Norm beschriebenen Beispiele zur Abschätzung des DC sind nicht eindeutig genug. Gibt es ein Dokument, das technische Lösungen beschreibt?

Antwort 6

Eine Norm kann leider – soll sie zugleich auch lesbar und handhabbar sein – nicht alle technischen Möglichkeiten beschreiben, die in der Praxis vorkommen können. Die Fassung der DIN EN ISO 13849-1:2023 enthält jedoch diverse Konkretisierungen. So kann beispielsweise bei der Überwachung von Ausgängen und beim Kreuzvergleich von Eingangs- oder Ausgangssignalen ohne dynamischen Test die Testrate, die sich aus der jeweiligen Anwendung ergibt, als begrenzender Faktor für den DC wirken, z. B. indem nur Tests, die mindestens einmal pro Monat erfolgen, überhaupt einen DC von 99 % erreichen können, und Tests, die seltener als einmal pro Jahr erfolgen, mit einem DC von 0 % abgeschätzt werden. Für die „Fehlererkennung durch den Prozess“ kann das Verhältnis von Prozessdiagnoserate (Testrate) und Anforderungsrate der Sicherheitsfunktion für eine Begrenzung des erreichbaren effektiven DC-Werts bis hinab zu einem Wert von 60 % genutzt werden.

Eine andere Möglichkeit besteht darin, für bestimmte DC-Einschätzungen die Basisnorm IEC 61508 heranzuziehen. Auch sei auf einschlägige Literatur sowie Applikationshandbücher von Herstellern verwiesen.

8.7 FIT vs. PFH_D und MTTF

Frage 7

Was bedeutet der Kennwert FIT und wie ist die Beziehung zu MTTF bzw. PFH?

Antwort 7

Die Abkürzung FIT steht in diesem Fall für „Failure in Time“ und beschreibt eine Ausfallrate bezogen auf die Zeit „pro 10^9 Stunden“. Alternativ wird auch die Ausfallrate Lambda [1/h] verwendet. Beide Angaben können unter Berücksichtigung der jeweiligen Einheiten entsprechend in den MTTF [Jahren] umgerechnet werden.

Bei einkanaligen, ungetesteten Systemen entspricht der PFH-Wert der Ausfallrate Lambda [1/h].

8.8 Serienschaltung von Schutztürschaltern

Frage 8

Was muss man bei der Serienschaltung von elektromechanischen Schutztürschaltern auf ein Sicherheitsrelais beachten? Welche Kategorie lässt sich erreichen?

Antwort 8

Zu diesem Thema sei auf den technischen Report ISO/TR 24119 verwiesen, auf den in der DIN EN ISO 14119 referenziert wird. Als Worst-Case-Abschätzung kann die Tabelle 24 herangezogen werden, bei der der maximal erreichbare Diagnosedeckungsgrad von der Art und Anzahl der Schutztüren abhängt.

Tabelle 24: Serienschaltung von Schutztürschaltern

Anzahl häufig betätigter Schutztüren a), b)		Anzahl zusätzlicher Schutztüren c)	Maximal erreichbarer Diagnosedeckungsgrad d)
0	+	2 bis 4	Mittel
		5 bis 30	Gering
		> 30	Kein
1	+	1	Mittel
		2 bis 4	Gering
		≥ 5	Kein
> 1	+	> 0	Kein

a) Häufigkeit höher als einmal pro Stunde

b) Wenn die Anzahl der Bediener, die fähig sind, andere Schutztüren zu öffnen, „eins“ überschreitet, dann muss die „Anzahl der häufig betätigten Schutztüren“ um „eins“ erhöht werden.

c) Die Anzahl der zusätzlichen Schutztüren kann um „eins“ reduziert werden, wenn eine der folgenden Bedingungen erfüllt ist:

- wenn der Mindestabstand zwischen den Schutztüren größer als 5 m oder
- wenn keine der zusätzlichen Schutztüren direkt erreichbar ist.

d) In jedem Fall, in dem vorhersehbar ist, dass Fehlermaskierung auftreten wird (z. B. mehrere Schutztüren werden produktionstechnisch oder wartungsbedingt gleichzeitig geöffnet), wird der DC auf „kein“ begrenzt.

8.9 DIN EN ISO 13849 oder EN IEC 62061?

Frage 9

Neben der DIN EN ISO 13849 gibt es ja auch die EN IEC 62061. Wann muss ich welche Norm anwenden?

Antwort 9

Beide Normen haben im Rahmen der letzten Aktualisierung den gleichen Anwendungsbereich und können daher gleichwertig angewandt werden. Es besteht die Möglichkeit, Teilsysteme, die unter Berücksichtigung der EN IEC 62061 entwickelt wurden, in Sicherheitsfunktionen der DIN EN ISO 13849-1 einzusetzen und umgekehrt.

8.10 Kann man auf die Kennwert-Angaben der Hersteller vertrauen?

Frage 10

Kann ich als Anwender auf die sicherheitstechnischen Kennwerte (B_{10D}, $MTTF_D$, PFH etc.) des Herstellers vertrauen, wenn keine unabhängige Prüfstelle die Werte bestätigt hat?

Antwort 10

I. d. R. hat ein Anwender keine Möglichkeit, die Zuverlässigkeitskennwerte zu überprüfen. Die Kennwerte von Sicherheitsbauteilen sind dagegen i. d. R. im Rahmen einer Baumusterprüfung durch eine benannte Stelle auf Plausibilität überprüft worden und bieten daher eine gute Vertrauensbasis.

8.11 Anwendungsbereich Risikobewertung

Frage 11

Wie ist der Anwendungsbereich der Risikobeurteilung in der DIN EN ISO 13849, Anhang A, im Vergleich zur DIN EN ISO 12100 zu sehen? Gibt es Anwendungsgrenzen hinsichtlich der beiden Verfahren?

Antwort 11

Der Risikograph der Norm DIN EN ISO 13849 sollte nicht zur Risikoeinschätzung im Sinn der Maschinenrichtlinie bzw. Maschinenverordnung verstanden werden. Er ergänzt vielmehr den Ansatz der DIN EN ISO 12100 um die Aspekte der „funktionalen Sicherheit“.

8.12 Manuelle Rückstelleinrichtung

Frage 12

Gemäß DIN EN ISO 13849 „darf die manuelle Rückstelleinrichtung die erforderliche Sicherheit der zugehörigen Sicherheitsfunktion nicht mindern“. Wann muss eine PL- bzw. PFH-Wert-Bestimmung vorgenommen werden? Wie kann man mit einer einkanaligen Reseteinrichtung einen PL d oder gar PL e erreichen?

Antwort 12

Eine PL-Bestimmung muss in jedem Fall vorgenommen werden. Wichtig dabei ist, dass die manuelle Rückstelleinrichtung das Sicherheitsniveau der eigentlichen Sicherheitsfunktion nicht mindern darf. Dies wird im Rahmen einer FMEA festgestellt. Unter Berücksichtigung von Fehlerannahmen und ggf. Fehlerausschlüssen muss nachgewiesen werden, dass für Kategorie 3 bzw. 4 ein einzelner Fehler nicht zum Verlust der Sicherheitsfunktion führt und im weiteren Verlauf ein Fehler erkannt wird. Eine physikalische Redundanz ist nicht gefordert. Liegen keine ausreichenden Zuverlässigkeitskennwerte vor, so kann gemäß der in Kapitel 5.6.8 beschriebenen Verfahrensweise vorgegangen werden.

8.13 Verwendung von Standardkomponenten

Frage 13

Was muss ich berücksichtigen, wenn ich Standardkomponenten in sicherheitsrelevanten Applikationen einsetze? In vielen Fällen bekomme ich gar keine Kennwerte vom Hersteller; bei einigen Herstellern nur MTBF-Werte oder Ähnliches.

Antwort 13

Der Einsatz von Standardkomponenten (Sensoren, Antriebselemente und Steuerelektroniken) in Sicherheitsapplikationen ist nach DIN EN ISO 13849 grundsätzlich möglich. Dies gilt auch, wenn diese Komponenten nicht als Sicherheitsbauteile gemäß Maschinenrichtlinie 2006/42/EG bzw Maschinenverordnung (EU) 2023/1230 ausgewiesen sind.

Der Inverkehrbringer von einzelnen Sicherheitsbauteilen (Teilsystemen), die nach DIN EN ISO 13849-1 und/oder anderen Normen gebaut sind, hat zum Nutzen des Maschinenkonstrukteurs bereits eine Vielzahl von Anforderungen berücksichtigt.

Verwendet der Maschinenkonstrukteur dagegen Standardkomponenten für die Realisierung von Sicherheitsfunktionen, muss er die Einhaltung sicherheitsrelevanter Anforderungen selbst beurteilen. Dies kann für ihn – gemessen an den heute gültigen und in Normen niedergelegten Maßstäben – mit einem erheblichen Aufwand verbunden oder auch in manchen Fällen praktisch unmöglich sein.

Auszuschließen ist aber im Allgemeinen der Einsatz komplexer Subsysteme (z. B. Standard-SPS) in gleichartiger Ausführung (homogene Redundanz) für die Minderung mittlerer und hoher Risiken.

8.14 Not-Halt-Einrichtungen bei komplexen Anlagen

Frage 14

Eine komplexe Anlage besteht u. a. aus Kompressoren, Turbinen, Pumpen, wobei die einzelnen Maschinen/Anlagenteile mit CE-Kennzeichnung gemäß Maschinenrichtlinie – ab 2027 gemäß der Maschinenverordnung – versehen sind. Aus technischer Sicht sind die Maschinen mit lokalen Not-Halt-Einrichtungen versehen. Die einzelnen Maschinen und prozesstechnischen Ausrüstungen sind dabei von einer übergeordneten Prozess-SPS mit Fail-Safe-Karten ausgerüstet. Benötigt man für eine solche Applikation, die im Sinne der Maschinenrichtlinie als Maschinenanlage zu sehen ist, eine übergeordnete Not-Halt-Einrichtung? Ist es dann erforderlich, die lokalen Not-Halt-Einrichtungen zu entfernen, um Verwechslungen zu vermeiden?

Antwort 14

Eine allgemein gültige Antwort lässt sich zu diesem Anwendungsfall nicht geben. Sie kann nur im Rahmen einer Risikobeurteilung erfolgen. Jedoch sei auf die Norm DIN EN ISO 11161 verwiesen, die für komplexe Anlagen auch die Möglichkeit überlappender Not-Halt-Bereiche und damit auch individuelle Teilabschaltungen vorsieht. Lokale Not-Halt-Einrichtungen sollten nicht entfernt werden, jedoch entsprechend gekennzeichnet sein.

8.15 Vereinfachter Ansatz in DIN EN ISO 13849

Frage 15

In der DIN EN ISO 13849, Abschnitt 6.3, ist ein „vereinfachter Ansatz“ zur Bestimmung der erreichten PL beschrieben. Hierbei kann bei einer Kombination von Teilsystemen, die bereits, z. B. durch den Komponentenhersteller, eine PL-Angabe besitzen, der resultierende PL für die jeweilige Sicherheitsfunktion anhand einer Tabelle einfach bestimmt werden. Kann in diesem Fall die aufwendige Berechnung, z. B. mit SISTEMA, entfallen?

Antwort 15

Ja, die aufwendige Berechnung kann entfallen. In der Regel wird dies jedoch zu konservativen Ergebnissen führen.

8.16 Testrate bei Kategorie 2

Frage 16

Wie kann ich eine Kategorie 2 für ein Teilsystem erreichen, obwohl ich das Verhältnis Testrate : Anforderungsrate mindestens 100 : 1 nicht einhalten kann?

Antwort 16

Das Verhältnis der Testrate zur Anforderungsrate der Sicherheitsfunktion ist kleiner als 100, aber mindestens 25. Dann kann mit einem PFH-Zuschlag gerechnet werden. Hierbei muss dem ursprünglichen Kategorie-2-Subsystem mit nicht optimalem Ratenverhältnis ein zweites Subsystem hinzugefügt werden, dessen PFH-Wert den PFH-Aufschlag gegenüber dem Verhältnis von 100 widerspiegelt. Der direkt einzugebende PFH-Wert beträgt 10 % des PFH-Wertes des ersten Kategorie-2-Subsystems (siehe DIN EN ISO 13849-1, Tabelle K1, Anmerkung 1).

Alternativ können ein Fehlererkennen und eine Fehlerreaktion als Ergebnis einer Sicherheitsanforderung schneller als das Eintreten der Gefährdungssituation geschehen. In diesem Fall muss kein PFH-Zuschlag erfolgen.

8.17 Einkanalige Architekturen in Kategorie 3 zulässig?

Frage 17

In einer Applikation wird eine fehlersichere Steuerung eingesetzt, bei der nur ein „sicherer“ Ausgang zwei Schütze ansteuert. Kann ich mit dieser Kombination trotzdem Kategorie 3 erreichen, obwohl die Norm doch eigentlich eine Redundanz fordert?

Antwort 17

Die Kategorie 3 enthält nicht die Forderung nach einer redundanten Struktur. Vielmehr darf ein einzelner Fehler nicht zum Verlust der Sicherheit führen. Durch das Verwenden von Fehlerausschlüssen gemäß DIN EN ISO 13849-2 (Installation der SPS sowie der Schütze im gleichen Schaltschrank) können somit oben beschriebene Applikationen bis PL e erreichen.

8.18 Relais mit Zwangsführung

Frage 18

Bei Verwendung von Relais mit zwangsgeführten Kontakten kann gemäß DIN EN ISO 13849-2, Tabelle C.1, ein Diagnosedeckungsgrad von 99 % angenommen werden. Wie sieht die Situation aus, wenn ein Relais keine zwangsgeführten Kontakte hat? Welcher DC kann dann angenommen werden?

Antwort 18

Ohne eine genauere Kenntnis der Applikation sollte man zunächst bei Relais ohne Zwangsführung von einem Diagnosedeckungsgrad von 0 % ausgehen. Bestimmte sicherheitsrelevante Fehler können durch den Prozess erkannt werden. Jedoch lässt sich i. d. R. allenfalls ein geringer DC erreichen.

8.19 Verwendung von Low-demand-Komponenten gemäß DIN EN ISO 13849

Frage 19

Die DIN EN ISO 13849-1 beschreibt nur Verfahren für High-demand-Systeme, bei denen die Sicherheitsfunktion mindestens einmal im Jahr angefordert wird. Ist es möglich, Komponenten, die eigentlich für den Einsatz in Low-demand-Systemen (Anforderung seltener als einmal im Jahr) konzipiert wurden, auch gemäß EN IEC 62061 oder DIN EN ISO 13849 in High-demand-Applikationen einzusetzen?

Antwort 19

Auf eine einfache Umrechnungsformel kann an dieser Stelle nicht verwiesen werden. Vielmehr ist es erforderlich, dass ein Komponentenhersteller Kennwerte sowohl für High-demand- als auch für Low-demand-Systeme bereitstellen sollte.

Umgekehrt bietet die DIN EN ISO 13849-1 derzeit keine Berechnungsmöglichkeit für Low-demand-Systeme. Ein Amendment zur EN IEC 62061 für „low demand" ist in Planung.

Es empfiehlt sich aktuell, auf die Berechnungen in der DIN IEC 61508-6 auszuweichen.

8.20 Not-Halt-Einrichtungen mit antivalenten Kontakten

Frage 20

Ist es zulässig, für Not-Halt-Funktionen auch antivalente Eingangsbeschaltungen (bestehend aus einem Zwangsöffner und einem Schließerkontakt) zu verwenden?

Antwort 20

Aus normativer Sicht spricht nichts gegen eine solche technische Umsetzung. Vielmehr lassen sich auf diese Art auch Querschlüsse zwischen den Kanälen einfach erkennen.

8.21 Bewertung unterschiedlicher Betriebsarten

Frage 21

Eine Maschine wird sowohl im Automatikbetrieb (mit geschlossenen Schutztüren) als auch im Einrichtbetrieb (mit geöffneten Schutztüren) in Verbindung mit einer Zustimmeinrichtung betrieben? Wie sollten die Sicherheitsfunktionen spezifiziert werden?

Antwort 21

Betriebsarten können als eigenständige Sicherheitsfunktionen angesehen werden. Somit müssen keine zusätzlichen PFH-Anteile von entsprechenden Komponenten, z. B. vom Betriebsartenschalter, mit in den anderen Sicherheitsfunktionen berücksichtigt werden.

Literaturverzeichnis

Richtlinie 2006/42/EG des Europäischen Parlaments und des Rates vom 17. Mai 2006 über Maschinen und zur Änderung der Richtlinie 95/16/EG, Abl. L 157 vom 09.06.2006, S. 24–86. (Kurz: Maschinenrichtlinie).

Verordnung (EU) 2023/1230 des Europäischen Parlaments und des Rates vom 14. Juni 2023 über Maschinen und zur Aufhebung der Richtlinie 2006/42/EG des Europäischen Parlaments und des Rates und der Richtlinie 73/361/EWG des Rates, Abl. 165 vom 29.06.2023, S. 1–103. (Kurz: Maschinenverordnung).

DIN EN ISO 12100 Sicherheit von Maschinen – Allgemeine Gestaltungsleitsätze – Risikobeurteilung und Risikominderung (ISO 12100:2010); Deutsche Fassung EN ISO 12100:2010.

DIN EN ISO 13849-1 Sicherheit von Maschinen – Sicherheitsbezogene Teile von Steuerungen – Teil 1: Allgemeine Gestaltungsleitsätze (ISO 13849-1:2023); Deutsche Fassung EN ISO 13849-1:2023.

DIN EN ISO 13849-2 Sicherheit von Maschinen – Sicherheitsbezogene Teile von Steuerungen – Teil 2: Validierung (ISO 13849-2:2012); Deutsche Fassung EN ISO 13849-2:2012.

Institut für Arbeitsschutz der Deutschen Gesetzlichen Unfallversicherung (Hrsg.): SISTEMA-Kochbücher, Teile 1–6 URL: https://www.dguv.de/ifa/praxishilfen/praxishilfen-maschinenschutz/software-sistema/sistema-kochbuecher/index.jsp [Stand 04.06.2024].

Bildquellen

Rechteinhaber aller in diesem Werk verwendeten Abbildungen ist die Phoenix Contact GmbH & Co. KG, Flachsmarktstraße 8, D-32825 Blomberg. Der Abdruck der Abbildungen erfolgt mit freundlicher Genehmigung des Unternehmens.

Stichwortverzeichnis